# 国家海域使用贡献率测评研究

刘大海　李彦平　等　著

海洋出版社

2018年·北京

图书在版编目(CIP)数据

国家海域使用贡献率测评研究 / 刘大海等著. — 北京：
海洋出版社, 2018.6
ISBN 978-7-5210-0139-6

Ⅰ.①国… Ⅱ.①刘… Ⅲ.①海域－管理－研究－中国
Ⅳ.①P712

中国版本图书馆CIP数据核字(2018)第143831号

责任编辑：苏　勤
责任印制：赵麟苏

海洋出版社 出版发行
http://www.oceanpress.com.cn
北京市海淀区大慧寺路 8 号　　邮编：100081
北京朝阳印刷厂有限责任公司印刷　　新华书店北京发行所经销
2018年6月第1版　　2018年6月第1次印刷
开本：787mm×1092mm　　1 / 16　　印张：6.5
字数：168千字　　定价：68.00元
发行部：62132549　　邮购部：68038093　　总编室：62114335
海洋版图书印、装错误可随时退换

# 《国家海域使用贡献率测评研究》

**编著组：** 刘大海　李彦平　张绍丽　孙　娟

# 前　言

　　21世纪是人类全面开发利用海洋的新世纪，海洋在国家经济发展和维护国家主权、安全、发展利益中的地位更加突出，拓展海洋战略空间成为世界各国的共识。党的十九大报告指出，"坚持陆海统筹，加快建设海洋强国"。习近平总书记在参加十三届全国人大一次会议山东代表团审议时指出，"海洋是高质量发展战略要地"。

　　作为海洋开发利用活动的重要空间和载体，海域资源是国民经济和社会发展的重要保障。自2002年施行《中华人民共和国海域使用管理法》以来，我国海域使用逐渐规范有序，为海洋经济乃至整个国民经济的发展做出了巨大贡献。在"十二五"期间，全国海洋生产总值年均增速达8.1%，到"十二五"期末，海洋生产总值占国民生产总值的比重近9.6%。《中华人民共和国国民经济和社会发展第十三个五年规划纲要》提出，要"积极拓展蓝色经济空间。坚持陆海统筹，壮大海洋经济，科学开发海洋资源，保护海洋生态环境，维护我国海洋权益，建设海洋强国"。海域开发利用成为海洋经济发展和海洋强国建设的重要基础和关键环节。在此背景下，结合我国海域使用现状，准确衡量海域使用对经济增长的贡献，对于科学用海、高效用海、集约用海，促进海洋经济健康、可持续发展，实现海域资源最优配置和科学利用具有重要的理论价值和现实意义。

　　《国家海域使用贡献率测评研究》基于海洋经济社会发展统计数据，以生产函数为理论基础，对我国海洋经济发展中海域空间资源投入的贡献进行量化评价，能够直接反映海域使用在海洋经济增长中的作用和地位，对不断提高我国海域使用管理水平和海洋经济发展质量具有一定的参考价值和指导意义。

《国家海域使用贡献率测评研究》受国家海洋局海域综合管理司委托，由国家海洋局第一海洋研究所海洋政策研究中心具体组织编写。课题组所用数据以《中国海洋统计年鉴》、《海域使用管理公报》、《中国统计年鉴》、《中国渔业统计年鉴》、《中国能源统计年鉴》、《中国国土资源年鉴》等公布的数据为准，致力于汇总和分析2003—2015年各项海域使用及贡献率测算的相关数据。不过由于受统计资料和公布的数据范围所限，部分章节分析或测算缺少个别年份数据，敬请谅解。

　　希望《国家海域使用贡献率测评研究》能够成为全社会认识和了解我国海域开发利用的窗口，同时为海洋管理部门进行海域资源优化配置提供新的思路。《国家海域使用贡献率测评研究》是海域使用贡献率测算与分析的阶段性尝试，若有不足之处，敬请批评指正，编写组会汲取各方面专家学者的宝贵意见，不断完善海域使用贡献率评估报告。相关意见请反馈至mpc@fio.org.cn。


国家海洋局第一海洋研究所海洋政策研究中心

2018年1月

# 目　录

# 第一章 引 言

海域资源是国民经济和社会发展的重要保障，对海洋强国建设和中华民族伟大复兴具有十分重要的意义。近年来，我国海域开发强度、广度和深度不断拓展，沿海地区用海需求旺盛，用海规模不断扩大，海域资源在海洋经济发展全局中的地位更加突出。2002年，党的十六大在全面建设小康社会的总体战略部署中提出了"实施海洋开发"的要求。2006年，十届全国人大四次会议批准的《国民经济和社会发展第十一个五年规划纲要》在海洋经济发展和海洋综合管理方面有了更明确的指示："保护海洋生态，开发海洋资源，实施海洋综合管理，促进海洋经济发展"。2010年，党的十七届五中全会通过的《中共中央关于制定国民经济和社会发展第十二个五年规划的建议》中，提出"发展海洋经济。坚持陆海统筹，制定和实施海洋发展战略，提高海洋开发、控制、综合管理能力"。2012年，国家海洋局公布了《全国海洋功能区划（2011—2020年）》，对中国管辖海域未来10年的开发利用和环境保护做出了全面部署和具体安排。2015年，国务院印发《全国海洋主体功能区规划》，提出"海洋空间利用格局清晰合理"、"海洋空间利用效率提高"和"海洋可持续发展能力提升"三大目标，进一步提高了海域资源在海洋经济发展中的地位。随着海洋强国进程的推进，海域资源的重要性和稀缺性将日益凸显，海洋经济发展对海域资源的需求将越来越强。

《国家海域使用贡献率测评研究》客观分析了自2003年以来我国海域使用的发展状况，测算了我国海域使用贡献率，分析了海域使用贡献率的发展趋势，提出了今后我国海域使用管理的意见和建议。具体分为以下6个部分。

第一章，引言。全面阐述海域使用的重要意义，并对《国家海域使用贡献率测评研究》的内容进行总体介绍。

第二章，从数据看我国海域使用取得的成就。基于海洋经济社会发展统计数据，从海域使用管理工作、海洋资源开发能力、海洋经济发展情况和沿海地区经济社会发展情况4个方面对我国海域使用所取得的成就进行全面分析。

第三章，国家海域使用贡献率评估分析。基于生产函数理论测算国家海域使用贡献率。结果表明：国家海域使用贡献率年度波动较大，但从中长期来看较为稳定，且保持较高水平，说明海域使用在海洋经济增长中发挥重要作用。

第四章，区域海域使用贡献率评估分析。对我国区域海域使用贡献率进行定量评估，结果表明：从我国沿海省（自治区、直辖市）来看，河北省海域使用贡献率最高，上海市、江苏省和辽宁省紧随其后；从5个海洋经济区来看，长江三角洲经济区的贡献率最高，其后依次为环渤海经济区、环北部湾经济区、珠江三角洲经济区和海峡西岸经济区；从3个海洋经济圈来看，东部海洋经济圈海域使用贡献率较高，北部海洋经济圈、南部海洋经济圈较低。

第五章，海域使用与海洋经济发展专题分析。运用相关性分析和线性回归等方法，从总量和增量两个方面定量分析海域使用与海洋经济发展之间的关系；对全国和沿海地区海域使用产出强度进行测评。结果表明：海域使用面积总量与海洋经济总量之间存在强正相关性；海域使用面积增加对海洋经济增长的影响存在一定滞后性；全国海域使用产出强度总体上呈增长趋势，沿海地区海域使用产出强度差异较大。

第六章，我国海域使用贡献率趋势分析与海域管理展望。基于以上章节的评估内容对我国海域使用贡献率进行综合评价，并对未来我国海域使用管理进行了展望。

# 第二章 从数据看
# 我国海域使用取得的成就

自20世纪70年代末以来，在改革开放政策的推动下，我国沿海地区掀起了一股海洋开发利用的热潮，近海海域开发利用活动日益频繁。2002年，我国正式颁布实施了《中华人民共和国海域使用管理法》，海域开发使用中的"无序、无度、无偿"问题逐渐得到改善，逐步建立起科学的海洋综合管理体制，基本实现了海域资源的有序、有度、有偿使用管理，为国民经济和社会发展做出了巨大贡献。

《国家海域使用贡献率测评研究》基于海洋经济社会发展统计数据，选取海域使用管理工作、海洋资源开发能力、海洋经济发展态势和沿海地区经济社会发展情况4个方面的主要指标分析我国海域使用所取得的成就。

（1）海域使用管理工作成效显著。海域使用规模持续增长，已确权海域面积稳定增长；海域有偿使用管理逐步规范，海域使用金征收额大幅增加；海域使用逐渐规范有序，海域使用执法检查力度加大，海域使用违法现象大幅减少。

（2）海域资源开发能力增强。海水养殖产量基本呈增长趋势，提供水产品比重有所增加；海洋原油产量提高，开发前景广阔；海盐始终保持较高产量，多年位居世界海盐产量首位。

（3）海洋经济发展态势良好。海洋生产总值稳定增长，占国民生产总值比重9%以上，增速相对国民生产总值较快；海洋产业结构逐渐完善，海洋第三产业发展势头良好。

（4）沿海地区经济社会发展迅速。沿海地区涉海就业规模持续扩大，占全国就业比重逐步提高；沿海地区财政收入持续增长，占全国地方财政收入的比重始终超过50%；沿海地区发展空间增大，近年来填海造地面积约占沿海地区新增建设用地供应量的12%。

## 一、海域使用管理工作成效显著

海域使用规模持续增长。自2003年以来，我国每年新增确权海域面积16万～38万公顷，其中2014年新增确权面积最大，为37.41万公顷。2003—2011年，每年新增确权海域面积总体波动幅度不大，但最近4年（2012—2015年）有较大增长，平均水平高于历年数值。我国已确权海域面积[①]呈稳定增长趋势，大致呈线性变化，12年间已确权海域面积增加了两倍多（见图2-1）。

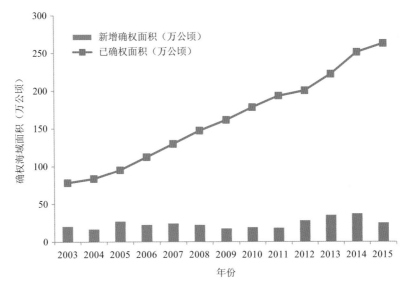

图2-1 2003—2015年新增确权海域面积和已确权海域面积

沿海各省（自治区、直辖市）累计确权海域面积[②]差距大，形成3个明显梯度。辽宁、山东和江苏3省为第一梯度，海域累计确权面积在60万公顷以上，其中，辽宁省海域累计确权面积超过100万公顷，位居首位；福建、河北、浙江和广东4省为第二梯度，海域累计确权面积在10万～20万公顷之间；

---

① 已确权海域面积指某一时点全国范围内拥有海域使用权的项目用海面积总和，报告以此代表海域使用面积。已确权海域面积=历年累计确权海域面积−历年海域使用权注销面积。

② 累计确权海域面积指一定时期内，历年确权海域面积总和。与已确权海域面积相比，累计确权海域面积包含了历年海域使用权注销面积。由于目前无各省历年注销海域使用权统计数据，且海域使用权注销面积占确权海域面积比重相对较小，故在省级范围内，以累计确权海域面积代表海域使用面积。

而广西壮族自治区、天津市、海南省和上海市为第三梯度，海域累计确权面积均低于5万公顷，其中上海市海域确权面积不足1万公顷（见图2-2）。

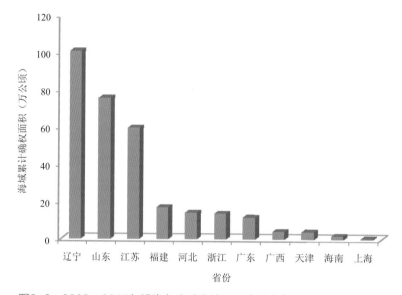

图2-2　2003—2015年沿海各省（自治区、直辖市）累计确权海域面积

不同使用类型的海域确权面积差距大，渔业用海与其他用海确权面积相差悬殊。2011—2015年，渔业用海确权面积远远高于其他类型用海面积，比重为86%~93%，交通运输用海与工业用海确权面积相近，位居第二和第三位，比重为2%~6%，其他使用类型的海域确权面积较小（见图2-3）。

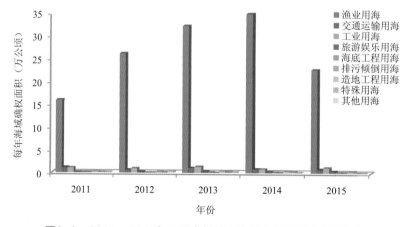

图2-3　2011—2015年不同海域使用类型的海域新增确权面积

不同用海方式的确权海域面积差距大，开放式用海与其他用海确权面积相差悬殊。2011—2015年，开放式用海确权面积最大，比重为81%～93%，构筑物用海比重最小，围海和填海造地的确权海域面积大致相当（见图2-4）。

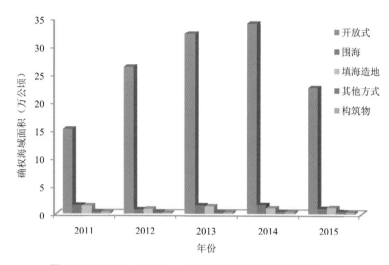

图2-4　2011—2015年不同用海方式的海域新增确权面积

海域有偿使用制度有效落实。2004—2013年，海域使用金征收呈现出增长趋势，尤其在2007年执行新海域使用金标准后，海域使用金征收额连续多年大幅增长，2013年海域使用金征收额达108.92亿元，是2004年的25倍多。2014年后海域使用金征收额有所下降，但仍保持较高水平（见图2-5）。

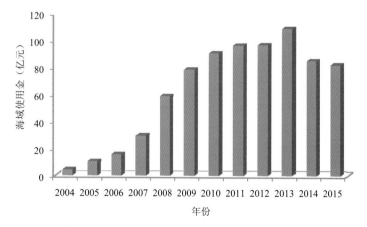

图2-5　2004—2015年全国海域使用金征收情况

不同类型海域使用金征收额相差较大，呈梯度变化。2011—2015年，交通运输用海和工业用海是海域使用金征收额最高的两种用海类型，且两者征收额的差距越来越小。围海造地海域使用金征收额连续5年位居第三，但有被旅游娱乐用海赶超的趋势。旅游娱乐用海与渔业用海海域使用金征收额排名分别为第四和第五，特殊用海、海底工程用海、排污倾倒用海及其他用海的海域使用金征收额很小，绝大多数年份都在1亿元以下（见图2-6）。

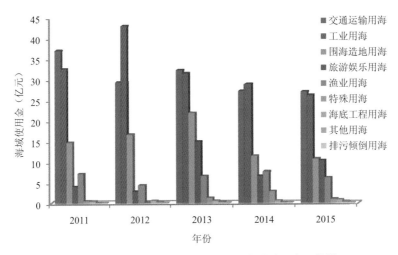

图2-6　2011—2015年不同用海类型海域使用金征收情况

不同用海方式的海域使用金征收额差距大，填海造地与其他用海方式相差悬殊。填海造地海域使用金征收额远远高于其他用海方式，近5年（2011—2015年）历年征收额在65亿~100亿元之间。此外，构筑物、开放式、围海及其他用海方式的海域使用金征收额均在6亿元以下，且相差不大（见图2-7）。

沿海各省（自治区、直辖市）海域使用金累计征收额相差较大，呈梯度分布。2004—2015年，天津、浙江、辽宁和山东4省（直辖市）海域使用金累计征收总额均在100亿元以上，其中天津市海域使用金征收总额位居第一，达120亿元；广东、福建和江苏3省海域使用金征收总额相对较高，均为50亿~100亿元；河北、广西和海南3省（自治区）海域使用金征收额相对较小，均在50亿元以下，上海市海域使用金征收总额最少，仅1.4亿元左右（见图2-8）。

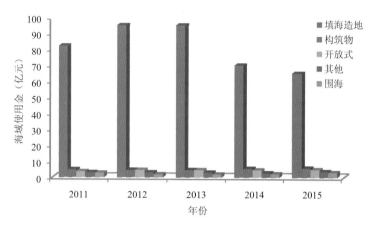

图2-7　2011—2015年不同用海方式海域使用金征收情况

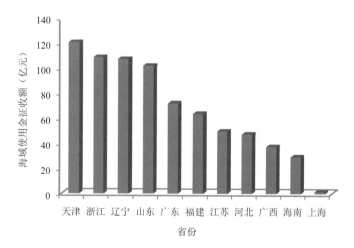

图2-8　2004—2015年沿海地区海域使用金累计征收情况

海域使用逐渐规范有序。2003—2015年，各级海域执法部门逐步加大对用海项目的监督检查力度，海域使用执法检查次数增长了约6倍。发现违法行为数目总体呈减少趋势，2010年之前约2 000件，2011—2013年不足1 500件，2014—2015年低于1 000件（见图2-9）。2014—2015年，在海域使用监督检查中受行政处罚的案件，渔业用海行政案件最多，其次为工业用海和造地工程用海案件，海底工程用海、排污倾倒用海和特殊用海案件较少（见图2-10）。

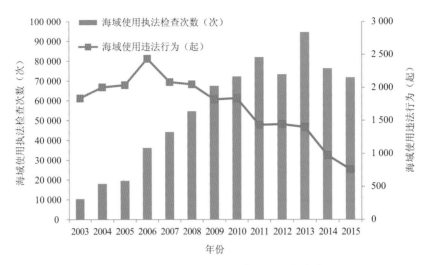

图2-9　2003—2015年我国海域使用执法情况

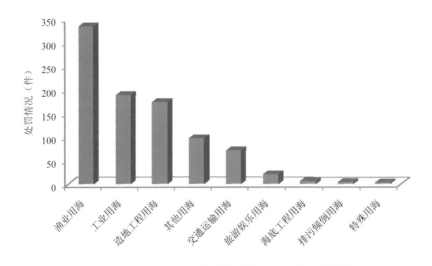

图2-10　2014—2015年各类海域使用行政案件总体情况

## 二、海洋资源开发能力增强

海水养殖产量基本呈增加趋势。2003—2005年，我国海水养殖产量呈增长趋势，2006年产量下跌，但之后海水养殖产量稳步提高。海水养殖产量占全国水产品产量的比重长期稳定在27%～28%之间，2003—2015年增加了1%左右（见图2-11）。

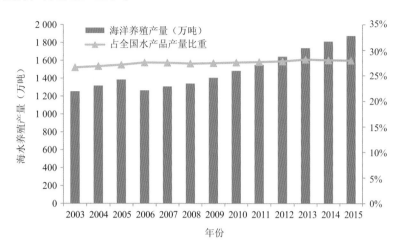

图2-11　2003—2015年我国海水养殖产量及占全国水产品产量比重

　　海洋石油开发潜力较大。我国沿海地区（包括天津市、河北省、辽宁省、上海市、山东省、广东省）海洋原油产量稳步增长，近年来海洋原油产量约4 500万吨/年，占全国原油产量的20%以上（见图2-12）。

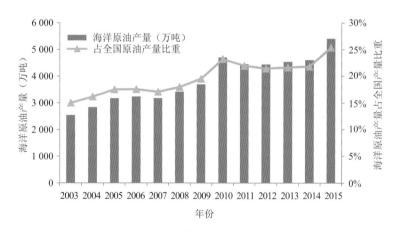

图2-12　2003—2015年我国沿海地区原油产量及占全国原油产量比重

　　海盐始终保持较高产量。2003—2015年，我国海盐产量有所波动，2009年前基本呈增长态势，2009年达到峰值，多年来我国海盐产量均保持世界第一的地位。尽管海盐产量占我国原盐总产量的比重呈下滑趋势，但始终保持在40%以上（见图2-13）。

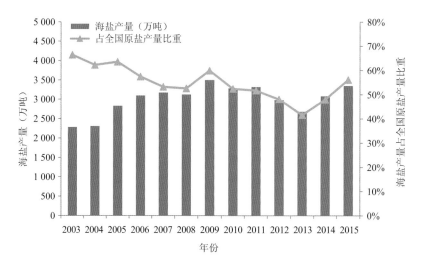

图2-13 2003—2015年我国海盐产量及占全国原盐产量比重

## 三、海洋经济发展态势良好

海洋生产总值稳定增长。2003—2015年，海洋生产总值呈持续增长趋势，12年间增加了4倍多。海洋生产总值（GOP）占国内生产总值（GDP）的比重基本在9%以上（2003年除外，为8.8%）（见图2-14）。

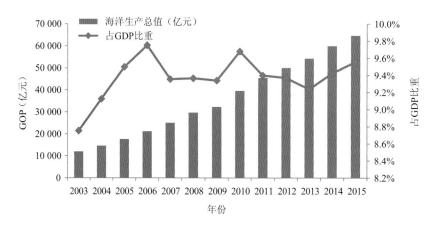

图2-14 2003—2015年我国海洋生产总值及占GDP比重

2004—2011年，海洋生产总值一直保持较高的增速（9%以上），是近13年来海洋经济增长最快的一个时期，尤其是2004—2007年和2010年，增速达15%以上。最近6年（2010—2015年），中国海洋经济增速有所放缓，总体保持平稳运行，逐步进入新常态，但海洋经济增速基本高于国民经济增速（2013年除外）（见图2-15）。

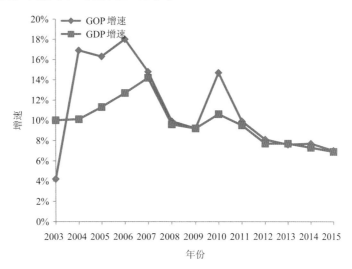

图2-15　2003—2015年海洋经济及国民经济增速走势

各省（自治区、直辖市）海洋生产总值差异较大。纵向来看，各省（自治区、直辖市）海洋生产总值均有不同程度增长。横向来看，广东和山东两省海洋生产总值以绝对优势领先于其他省份，近年来两省海洋生产总值均突破万亿元大关。近几年，上海市、福建省、江苏省、浙江省和天津市海洋生产总值超过5 000亿元，但与广东和山东两省仍存在较大差距，自2015年开始，福建省海洋经济总量开始超过上海居第三位。辽宁省、河北省、广西壮族自治区和海南省的海洋生产总值低于5 000亿元，其中广西壮族自治区和海南省的海洋经济总量分别于2014年和2015年开始超过1 000亿元（见图2-16）。

海洋产业结构逐渐完善。从三次海洋产业分布情况来看，2003—2015年，海洋三次产业增加值持续增长。其中，海洋第一产业的增加值最小，与第二、第三产业差距较大。第二和第三产业的增加值较为接近，除2010年和2011年外，第三产业的增加值大于第二产业的增加值。第二产业增长速度逐渐减慢，而第三产业增长势头良好，2013年之后与第二产业的差距逐渐加大（见图2-17）。

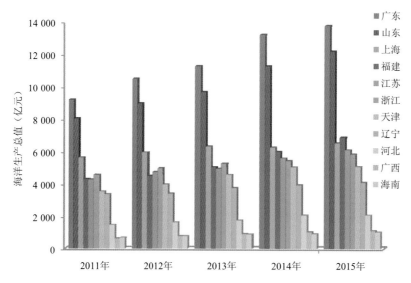

图2-16　2011—2015年沿海各省（自治区、直辖市）海洋生产总值

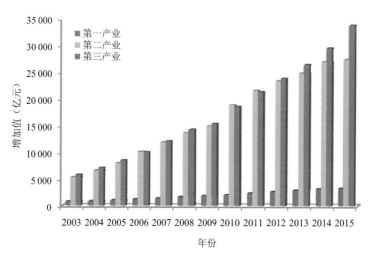

图2-17　2003—2015年海洋三次产业增加值

从具体海洋产业发展情况来看，滨海旅游业、交通运输业和海洋渔业是海洋经济发展的三大支柱产业，产业增加值所占比重高达78%，新兴海洋产业①所占比重接近20%（见图2-18）。

———————————

① 新兴海洋产业包括海洋船舶工业、海洋化工业、海洋工程建筑业、海水利用业、海洋生物医药业以及海洋电力业6大产业。

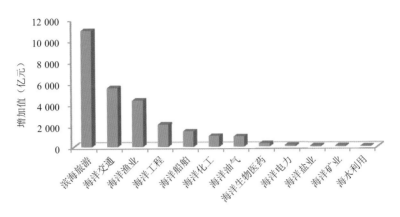

图2-18　2015年主要海洋产业增加值情况

## 四、沿海地区经济社会发展迅速

涉海就业规模持续扩大。2003—2015年，我国涉海就业人员保持稳定增长，从2 501万人增长到3 589万人，增长了约40%。同时，涉海就业人员在全国就业人员中的比重由3.4%持续增加到4.6%（见图2-19）。

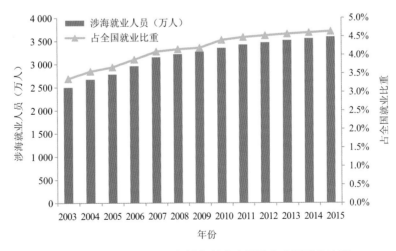

图2-19　2003—2015年涉海就业人员及占全国就业比重

不同产业涉海就业人员比重不同。2015年，海洋渔业及相关产业就业人员数量为587万人，远远高于其他产业；其次为滨海旅游业，就业人员约为132万人；海洋交通运输业、海洋工程建筑等就业人员再次之；海洋生物医药业从业人员最少，约1万人（见图2-20）。

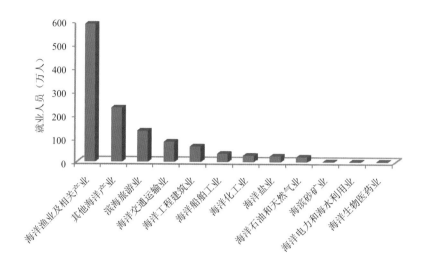

图2-20 2015年各海洋产业就业人员数量

沿海地区财政收入持续增长。2003—2015年，沿海地区财政收入增长了6倍多，沿海11省（直辖市、自治区）财政收入占全国31省（直辖市、自治区，不包含香港特别行政区、澳门特别行政区、台湾省）财政收入比重一直在50%以上，近年来比重略有下降（图2-21）。

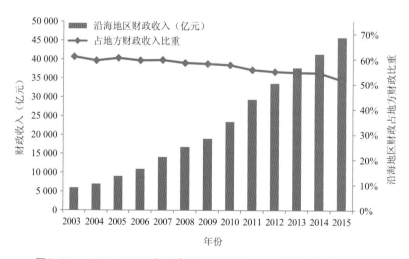

图2-21 2003—2015年沿海地区财政收入及占地方财政收入比重

沿海地区发展空间增大。2003—2014年，沿海地区填海造地总面积约

13万公顷，平均每年接近1.1万公顷，填海造地总面积占沿海地区新增建设用地供应总量比重约为12%。2003—2004年，填海造地面积较少，2005—2014年，填海造地规模有较大幅度增长，多数年份在1.1万公顷以上（2012年和2014年除外），尤其是2009年填海造地规模达到峰值17 888公顷。其中，2005—2010年填海造地面积占新增建设用地供应总量比重在12%以上，2005年比重达35%，2010年以后比重跌至12%以下（见图2-22）。

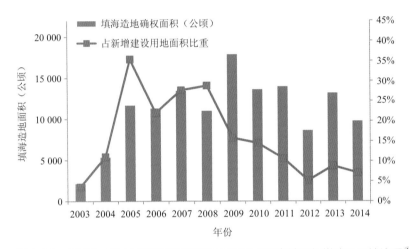

图2-22　2003—2014年我国填海造地面积及占沿海地区新增建设用地比重①

---

① 由于2015年新增建设用地数据未公布，图2-22中数据范围为2003—2014年。

# 第三章 国家海域
# 使用贡献率评估分析

海洋经济增长依赖于多种生产要素的贡献，《国家海域使用贡献率测评研究》基于生产函数理论，综合考虑海域资源、劳动力、资本等生产要素对海洋经济增长的支撑作用，构建我国海域使用贡献率测算模型，并利用涉海数据计算各要素产出弹性系数，进而求出各生产要素和全要素生产率对海洋经济增长的贡献率，对海域使用贡献率结果进行分析。

## 一、国家海域使用贡献率趋势分析

海域使用贡献率呈波动变化。2004—2015年，海域使用贡献率在7.3%～30.4%之间波动，主要分3个阶段（见图3-1）：2004—2008年海域使用贡献率处于增长阶段，说明自《中华人民共和国海域使用管理法》施行以来，我国海域使用逐步规范、有序，海域供给量保持较高增速，有效拉动了海洋经济的增长，并且在海洋经济增长中的贡献愈加显著，因而海域使用贡献率呈现较快的增长趋势。2008—2012年海域使用贡献率大致呈下降趋势，统计显示2008年全球金融危机对海洋经济发展造成了冲击，用海需求回落，海域使用面积增速有所下降，导致海域使用在海洋经济增长中的贡献也随之减小。2012年国家海洋局通过对海域使用权证书实行全国统一配号，并加强了相关管理，促使确权海域面积出现较大增幅，使海域使用贡献率连续两年大幅增加，并在2014年达到近10多年来的峰值30.4%。

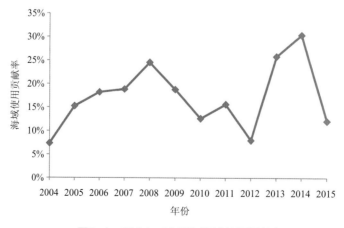

图3-1  2004—2015年海域使用贡献率

海域使用贡献率整体较为稳定，海域使用对海洋经济增长的贡献显著。海域使用面积除了受用海需求的影响外，还与国家重大政策有关，国家重大用海项目几年上马一次，导致海域使用面积增长不规律。鉴于此，采用移动平均法计算5年的海域使用平均贡献率，以消除数据随机波动对测算结果的影响。结果显示，各阶段海域使用贡献率稳定在15.6%～18.6%之间（见图3-2）。海域使用贡献率保持较高水平，从一个侧面说明了我国海域资源配置具备理论上的合理性，对海洋经济发展起到积极作用。进一步分析发现海洋经济增速与海域使用面积增速的变化趋势基本保持一致，由此可以认为合理增加海域使用面积能够拉动海洋经济增长，近期海洋经济增长离不开海域资源的持续稳定供给（见图3-3）。

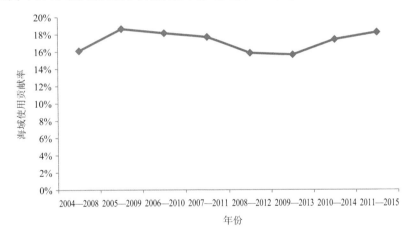

图3-2　移动平均法处理的海域使用贡献率

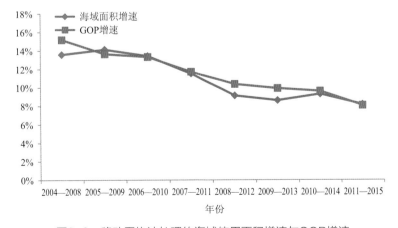

图3-3　移动平均法处理的海域使用面积增速与GOP增速

"十一五"和"十二五"期间海域使用贡献率水平较高。"十一五"期间，我国海域使用贡献率为18.1%；"十二五"期间，我国海域使用贡献率为18.0%。两个阶段海域使用贡献率基本相等，且均高于2004—2015年的平均水平16.4%（见图3-4）。

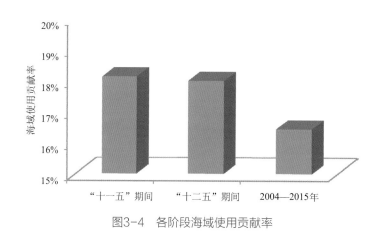

图3-4　各阶段海域使用贡献率

## 二、其他生产要素和TFP贡献率

沿海地区资本投入对海洋经济增长的贡献提高。2004—2015年，资本投入拉动海洋经济增长的贡献在13.4%～34.7%之间变化。总体来说，2008年之前资本要素的贡献率低于2008年之后的贡献率。推测2008年国家为应对国际经济危机，开始实行积极的财政政策和适度宽松的货币政策，沿海地区固定资产投资出现较大增幅，对保持海洋经济稳定增长产生了积极作用，因而2008年和2009年的资本贡献率显著提高，之后资本对海洋经济的拉动作用虽有下降，但整体上仍比2008年之前的贡献显著。

涉海劳动力投入对海洋经济增长的贡献降低。2004—2015年，涉海劳动力拉动海洋经济增长的贡献率在10%～30.7%之间变化，且基本呈下降趋势。2008年之前劳动力贡献率相对较高，大致在15%以上；2008年以后劳动力贡献率小幅降低。推测可能由于2008年全球经济危机对沿海地区就业产生了较大影响，涉海就业增速减缓，使2008—2010年劳动力贡献率低于其他年份。2011年劳动力贡献率有所提高，而后继续下降，推测经济开始缓慢复苏，涉海就业形势有所好转，使劳动力贡献率略有提高，但近年来海洋科技不断发展，沿海省市加快推进海洋经济发展方式转变和结构调整，努力提高海洋经济的质量和效益，使海洋经济对劳动力数量需求逐渐下降，因而近5年劳动力贡献率持续降低。

广义科技进步对海洋经济增长的贡献最大。2004—2015年，TFP[①]贡献率在34.3%～59.7%之间变动，广义科技进步（如技术进步、组织创新、管理创新、制度创新等）对海洋经济增长的贡献最为显著，"十一五"和"十二五"期间，对海洋经济增长的贡献分别达到44.4%和50.6%，"十二五"比"十一五"增长了6.2%。

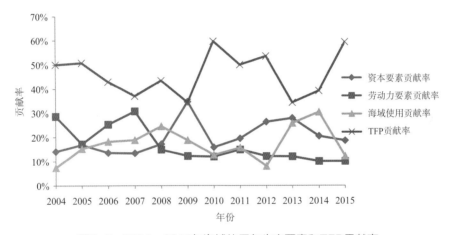

图3-5 2004—2015年海域使用各生产要素和TFP贡献率

采用移动平均法消除偶然误差后，对近年来资本、劳动力、海域资源和TFP贡献率进行对比分析发现，资本、劳动力和海域资源要素对海洋经济增长的贡献相差不大。其中劳动力投入在海洋经济增长中的作用逐渐减弱，前期劳动力要素贡献率略高于海域使用贡献率，后期略低于海域使用贡献率；资本投入在海洋经济增长中的作用逐步增强，前期基本与海域资源投入的贡献持平，后期开始显著增强；TFP贡献率一直保持较高水平，约为资本、劳动力和海域资源三者贡献率之和（见图3-6）。

---

① TFP贡献率即全要素生产率，见附录一。

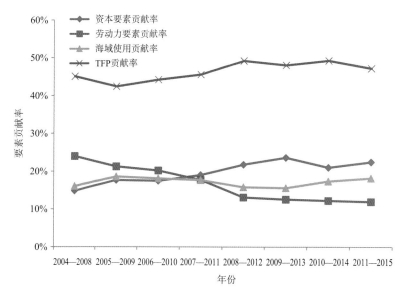

图3-6　采用移动平均法处理的各要素平均贡献率

# 第四章 区域海域
使用贡献率评估分析

区域海域使用是国家海域使用的重要组成部分，其使用情况对国家海域使用的规模和格局有直接影响。《国家海域使用贡献率测评研究》分别从沿海省（自治区、直辖市）、5个经济区和3个海洋经济圈对区域海域使用贡献率的发展状况和特点进行分析，以期为区域海域资源优化配置提供数据基础和决策依据。

其中，沿海省（自治区、直辖市）包括辽宁省、天津市、河北省、山东省、江苏省、上海市、浙江省、福建省、广东省、广西壮族自治区和海南省，不涉及香港特别行政区、澳门特别行政区和台湾省。

5个海洋经济区分别为环渤海经济区、长江三角洲经济区、海峡西岸经济区、珠江三角洲经济区和环北部湾经济区。环渤海经济区中纳入评估的地区为辽宁省、河北省、山东省和天津市；长江三角洲经济区中纳入评估的地区为江苏省、上海市和浙江省；海峡西岸经济区中纳入评估的地区为福建省；珠江三角洲经济区中纳入评估的地区为广东省；环北部湾经济区中纳入评估的地区为广西壮族自治区和海南省。

依据《全国海洋经济发展"十二五"规划》划分3大海洋经济圈，分别为北部海洋经济圈、东部海洋经济圈和南部海洋经济圈。北部海洋经济圈由辽东半岛、渤海湾和山东半岛沿岸及海域组成，纳入评估的地区包括天津市、河北省、辽宁省和山东省；东部海洋经济圈由江苏省、上海市、浙江省沿岸及海域组成，纳入评估的地区包括江苏省、浙江省和上海市；南部海洋经济圈由福建沿海、珠江口及其两翼、北部湾、海南岛沿岸及海域组成，纳入评估的地区包括福建省、广东省、广西壮族自治区和海南省。

# 一、各省（自治区、直辖市）海域使用贡献率

## （一）天津市

天津市地处渤海西岸，拥有海岸线长约153.67千米，管辖海域面积约3 000平方千米。天津市海域拥有丰富的海洋资源，包括滩涂资源、港口资源、海洋油气资源、滨海旅游资源、渔业资源和海水资源等，为天津市海洋开发利用提供了资源条件。天津市区位优势明显，腹地广阔，是华北、西北广大地区最近的出海口，是欧亚大陆桥中国境内距离最短的东部起点，在环渤海经济圈中起着重要的作用。

2004—2015年，在天津市海洋经济增长中，资本要素贡献率在7.1%～64.6%之间大幅波动，其中2007—2009年3年间，资本要素贡献率达30%以上，2008年更是高达60%以上，以后尽管有所降低，但基本维持在20%以上，说明资本要素投入在天津市海洋经济增长中的作用突出。劳动力要素贡献率在6.8%～32.7%之间变化，最高值出现在2007年，随后劳动力要素投入在海洋经济增长中的作用逐渐减弱，2008年以后在10%以下。海域使用贡献率在2007—2009年3年间处于较高水平，在10%以上，其余年份均处于较低水平，总体上天津市海洋经济增长对海域资源投入的依赖较小。TFP贡献率波动很大，在5.8%～81.3%之间变化，除2007—2009年3年较低外，其他年份均在50%以上，说明广义科技进步对天津市海洋经济增长的贡献非常显著（见图4-1）。

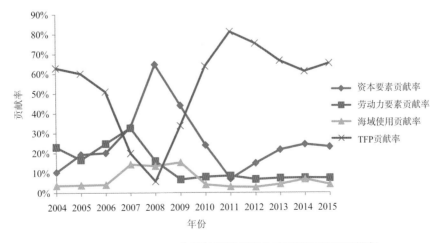

图4-1　2004—2015年天津海洋经济生产要素和TFP贡献率

## （二）河北省

河北省东临渤海，拥有大陆岸线长487千米，海岛132个，海岛岸线长199千米。海岸带总面积11 379.88平方千米。河北省海洋资源丰富，是鱼类的重要产卵和索饵场所。河北省的海岸线上有多处优良的港址资源，是华北、西北地区的出海门户，晋、陕等省能源物资下海外运的重要通道。此外，河北省拥有丰富的沿海旅游资源，有山海关、长城、北戴河、黄金海岸等举世瞩目的旅游胜地。

2004—2015年，在河北省海洋经济增长中，资本要素贡献率在3.2%～57.7%之间波动，除2011年贡献较低外，其他年份贡献率较高，说明资本要素在河北省海洋经济增长中的作用显著。劳动力要素贡献率在9.7%～33.3%之间波动，除2012年外，其他年份贡献率均高于10%，劳动力要素投入在河北省海洋经济增长中的作用不可忽视。海域使用贡献率波动较大，可能受用海项目建设年份影响较大。TFP贡献率在2006年出现负值，2010年达到最大值68.2%，2008年开始处于较高水平，广义科技进步对海洋经济增长的作用开始逐渐凸显（见图4-2）。

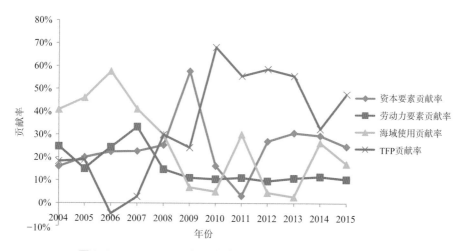

图4-2　2004—2015年河北海洋经济生产要素和TFP贡献率

## （三）辽宁省

辽宁省地处黄、渤二海北部，海岸线总长2 920千米，其中大陆岸线2 292.4千米，岛屿岸线627.6千米。全省有岛、坨、礁506个，面积在500平方米以上的海岛266个，总面积191.5平方千米。全省管辖海域面积6.8万平方千米，滩涂面积310万亩。广阔的海洋蕴藏着丰富的资源，有海水鱼200多种，虾、蟹、贝30多种，藻类100多种；优良港址44处，渔港77处；沿海旅游资源丰富，沿岸有海蚀景观、滨海湿地景观及海滨浴场；此外，辽宁省海洋油气资源开发潜力巨大。

2004—2015年，在辽宁省海洋经济增长中，资本要素贡献率有两年处于负值，这是由于固定资产投资较上一年有所降低造成的，其余年份大部分在20%以上，资本要素投入对海洋经济增长贡献相对显著。劳动力要素贡献率在8.7%～30.0%之间变化，多数年份超过10%，对辽宁省海洋经济增长的贡献率不可忽视。海域使用贡献率在13.4%～49.3%之间波动，近4年海域使用对海洋经济增长的贡献明显提高，说明辽宁省近年来海洋经济增长对海域资源投入的依赖增加。多数年份TFP贡献率在50%以上，说明广义科技进步对辽宁省海洋经济增长的贡献非常显著（见图4-3）。

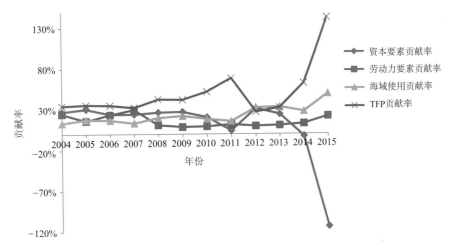

图4-3　2004—2015年辽宁海洋经济生产要素和TFP贡献率

## （四）上海市

上海市地处长江三角洲前缘，东濒东海、南临杭州湾、北界长江入海口，位于中国南北海岸中部，交通便利，腹地广阔，地理位置优越，是一个良好的江海港口。港口资源、滩涂资源、海洋水产资源、淡水资源是上海海洋资源开发的4大优势。

2004—2015年，在上海市海洋经济增长中，资本要素贡献率在20.3%以下，2010年和2011年由于固定资产投入增速为负，资本贡献率出现负值，其余年份多数低于15%，资本要素投入对海洋经济增长的贡献相对较弱。劳动力要素贡献率在9.8%～30.2%之间变化，尽管近几年所有降低，但其作用不可忽视。海域使用贡献率受用海面积波动影响，变化较大。TFP贡献率除2007年存在负值外，其余大多数年份均处于高水平，说明广义科技进步对上海海洋经济增长的贡献非常显著（见图4-4）。

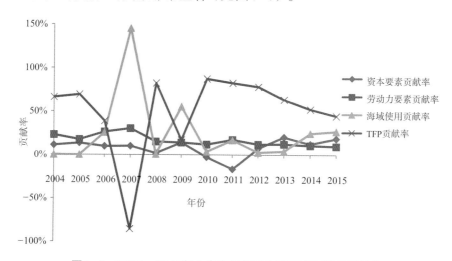

图4-4　2004—2015年上海海洋经济生产要素和TFP贡献率

## （五）江苏省

江苏省位于中国大陆东部沿海中心。地处长江、淮河下游，东濒黄海、西连安徽、北接山东，南与浙江和上海毗邻。全省海岸线954千米，海域面积约3.75万平方千米。有各类岛屿16个，岛屿岸线长27千米。江苏海洋资源种类繁多，拥有港航、土地、生物、旅游、盐化工和油气资源。江苏沿海有港航资源10多处，沿海滩涂面积约5100平方千米，南黄海石油地质储量约70亿吨。近海还拥有全国八大渔场中的海州湾渔场、吕泗渔场、长江口渔场和大沙渔场。江苏省海洋渔业资源丰富，据调查，鱼虾贝类品种多达300余种。

2004—2015年，在江苏省海洋经济增长中，资本要素贡献率在12.7%～36.7%之间波动，多数年份接近或高于20%，说明资本要素投入在江苏省海洋经济增长中的作用显著。劳动力要素贡献率在7.8%～29.2%之间变化，总体来说呈降低趋势，近年来在海洋经济增长中的作用逐渐减弱。海域使用贡献率在5.1%～38.7%之间波动，总体上呈降低趋势，说明江苏省海洋经济增长对海域资源投入的依赖逐渐减弱。TFP贡献率在25.9%～65.7%之间波动，2008年以后均在40%以上，对海洋经济增长的贡献明显（见图4-5）。

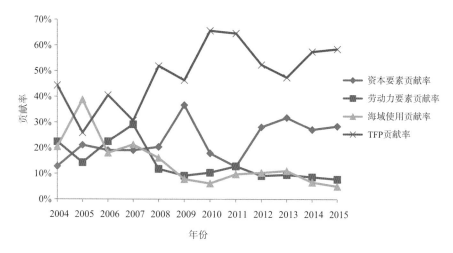

图4-5　2004—2015年江苏海洋经济生产要素和TFP贡献率

## （六）浙江省

浙江省位于中国东南沿海长江三角洲南翼，东濒东海，南接福建，西与江西、安徽相连，北与上海、江苏接壤。浙江是海洋大省，海域广阔，岛屿星罗棋布。海岸线总长6486千米，居全国第一。海域面积4.24万平方千米，其中内海面积为3.09万平方千米，领海面积1.15万平方千米。浙江省是中国海岛最多的省份，面积在500平方米以上的海岛有3061个，占全国海岛总数的2/5以上。浙江拥有丰富的海洋资源，主要优势海洋资源有深水港口资源、海洋渔业资源、东海陆架油气资源、潮间带滩涂资源、海洋旅游资源和海洋能资源。

2004—2015年，在浙江省海洋经济增长中，资本要素贡献率在2.1%～46.2%之间波动，2009年以前偏低，贡献较小，2011年以后贡献比较显著。劳动力要素贡献率在8.6%～29.6%之间波动，尽管近几年有所降低，但多数年份仍高于20%，其作用不可忽视。海域使用贡献率在3.3%～44.6%

之间波动，近几年海域资源投入对浙江省海洋经济增长的贡献降低。TFP贡献率在21.2%～75.9%之间波动，多数年份接近或高于40%，广义科技进步对海洋经济增长的贡献显著（见图4-6）。

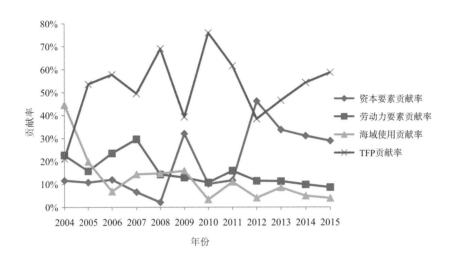

图4-6　2004—2015年浙江海洋经济生产要素和TFP贡献率

## （七）福建省

福建省地处中国东南沿海，东面濒临台湾海峡，南面近临港澳。海岸线总长3 324千米，居全国第二。沿海有大小港湾125处，深水港湾22处。大潮高潮时面积大于500平方米的岛屿有1546个，居全国第二，岛屿岸线总长度2 804.4千米，岛屿总面积为1 400.13平方千米。全省滩涂面积为2 068平方千米。福建省海洋资源丰富，拥有"渔、港、景、油、能"5大优势资源。近海有海洋生物2 000多种，其中鱼类752种，发展渔业具有得天独厚的条件。海岸带和近海海域蕴藏着大量矿产资源，海峡油气资源丰富。全省沿海风能资源丰富，并有利用潮汐、波浪、海流、温差发电的广阔前景。福建省还拥有丰富多彩的自然和人文旅游资源，是天然的度假和旅游胜地，海洋开发的前景十分广阔。

2004—2015年，福建省海洋经济增长中，资本要素贡献率在17.0%～35.3%之间小幅波动，在海洋经济增长中作用显著；劳动力要素贡献率在7.6%～28.5%之间变化，大致呈降低趋势，对拉动海洋经济增长的作用逐渐减小。海域使用贡献率在2.0%~25.9%之间波动，总体呈降低趋势，海域资源投入在福建海洋经济增长中的贡献较小。TFP贡献率在17.3%~67.3%之间变化，2008年之后基本在55%以上，说明近年来广义科技进步在福建省海洋经济增长中的作用非常显著（见图4-7）。

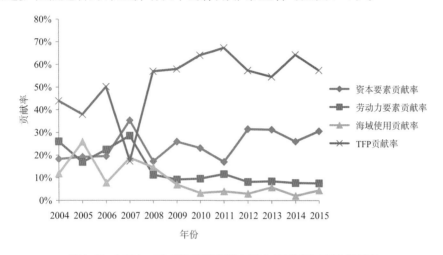

图4-7　2004—2015年福建海洋经济生产要素和TFP贡献率

## （八）山东省

山东省是一个海洋大省，拥有3 121千米的海岸线，占全国的1/6，滩涂面积3 223平方千米，海岛299个，居全国第六位，拥有16处主要港湾及51处可建深水泊位的优良港址，为发展海洋运输和外向型经济提供了良好的条件。沿岸海域生物资源种类多。矿产资源丰富，海岸带和近海海域蕴藏着大量的石油、天然气、地下卤水、金、石墨等金属和非金属矿产。胶东半岛海岸带风能资源丰富，并有利用潮汐、波浪、温差发电的广阔前景。沿海风光秀丽，气候宜人，适于旅游业的发展。辽阔的海域、丰富的资源，为山东走向世界创造了得天独厚的有利条件。

2004—2015年，在山东省海洋经济增长中，资本要素贡献率在10.0%~36.4%之间波动，多数年份超过15%，说明资本要素投入对海洋经济增长的贡献显著。劳动力要素贡献率在8.5%~30.3%之间变化，近年来总体呈降低趋势，但其作用仍不可忽视。海域使用贡献率在2.7%~34.3%之间波动，2006—2011年处于较低水平，2012年开始海域资源投入对海洋经济增长的贡献有所增加。TFP贡献率在28.9%~72.1%之间波动，近3年处于较低水平，但广义科技进步对海洋经济中增长的贡献仍非常显著（见图4-8）。

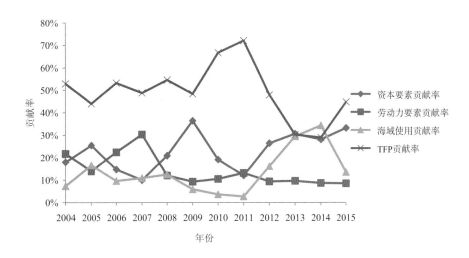

图4-8　2004—2015年山东海洋经济生产要素和TFP贡献率

## （九）广东省

广东濒临南海，毗邻港澳，紧靠东南亚，东接海峡西岸经济区，西连北部湾经济区，南临海南国际旅游岛，发展海洋经济具有良好的区位条件。广东海域辽阔，海岸线长，滩涂广布，陆架宽广。全省海域面积41.9万平方千米，是陆域面积的2.3倍；大陆海岸线4 114千米，居全国首位；海岛1 431个、海湾510多个、滩涂面积20.42万公顷。广东海洋产业基础雄厚，海洋科技力量基础较好，文化和地缘优势突出，发展海洋经济具有良好的支撑条件。

2004—2015年，在广东省海洋经济增长中，资本要素贡献率在6.4%~40.9%之间波动，多数年份在10%以上，且近3年在30%以上，说明广东省近3年海洋经济增长对资本要素投入的依赖非常强。劳动力要素贡献率在8.4%~29.5%之间变化，总体上呈降低趋势，说明近年来劳动力要素投入对拉动广东海洋经济增长的贡献逐渐减弱。海域使用贡献率在

3.5%～15.6%之间变化，多数年份低于10%，说明广东省海洋经济增长对海域资源投入的依赖较小。TFP贡献率在37.3%～73.4%之间波动，多数年份高于50%，说明广义科技进步在广东省海洋经济增长中的贡献非常显著（见图4-9）。

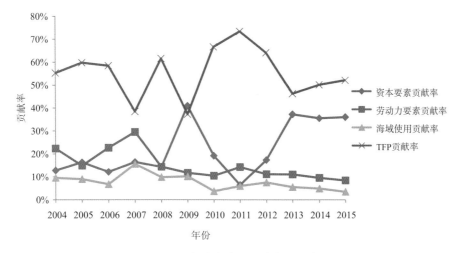

图4-9　2004—2015年广东海洋经济生产要素和TFP贡献率

## （十）广西壮族自治区

广西壮族自治区地处中国西南部，南临北部湾，与海南省隔海相望，东连广东，东北接湖南，西北靠贵州，西邻云南，西南与越南毗邻。拥有1 005平方千米滩涂面积，20米水深以内的浅海面积6 488.31平方千米，面积在10平方千米以上海湾8个。沿海岛屿有679个，面积在500平方米以上的岛屿651个，岛屿岸线长531千米，岛屿面积84平方千米。

2004—2015年，在广西壮族自治区海洋经济增长中，资本要素贡献率在8.9%～48.3%之间波动，除2011年低于10%之外，其余年份资本贡献率均高于20%，说明广西海洋经济增长对资本投入的依赖较强。劳动力要素贡献率在8.0%～28.6%之间变化，大致呈降低趋势，说明劳动力要素投入在广西壮族自治区海洋经济增长中的作用越来越小。海域使用贡献率在6.4%～25.4%之间波动，近年来高于劳动力要素贡献率，海域供给在广西海洋经济增长中的作用不可忽视。TFP贡献率在16.5%～56.1%之间波动，除2007年外，其余年份均高于30%，说明广义科技进步在广西壮族自治区海洋经济增长中的贡献显著（见图4-10）。

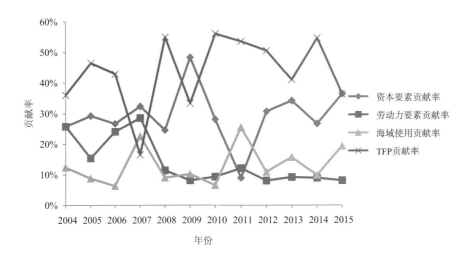

图4-10　2004—2015年广西海洋经济生产要素和TFP贡献率

## （十一）海南省

海南省位于中国南端，东濒南海与台湾省相望，东南和南面与菲律宾、文莱及马来西亚海域为邻，北以琼州海峡中水道与广东省和广西壮族自治区海域为界，西邻北部湾与越南海域相连。全省陆域面积为3.54万平方千米。海南是中国海洋面积最大的省份，按《联合国海洋法公约》的规定和我国主张，海南省管辖的海域面积约200余万平方千米。

2004—2015年，在海南省海洋经济增长中，资本要素贡献率在5.6%～46.9%之间变化，尽管波动较大，但2008年后均在18%以上，说明资本要素投入在海南海洋经济增长中的贡献显著。劳动力要素贡献率在8.4%～29.3%之间变化，总体呈下降趋势，近年来在海南海洋经济增长中的作用逐渐减弱。海域使用贡献率在8.1%～30.0%之间波动，多数年份高于10%，海域资源投入在海南海洋经济增长中的贡献率不可忽视。TFP贡献率在20.3%～65.3%之间波动，不同年份差异较大，但在海洋经济增长中的贡献仍十分显著（见图4-11）。

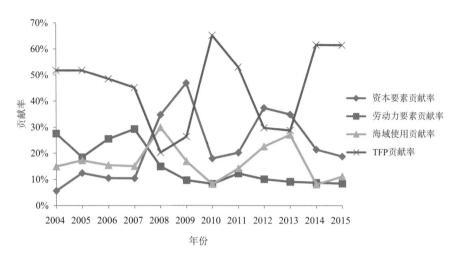

图4-11　2004—2015年海南海洋经济生产要素和TFP贡献率

## （十二）对2004—2015年沿海各省份海域使用贡献率平均水平横向比较

从整体水平来看，2004—2015年我国沿海各省（自治区、直辖市）的海域使用贡献率范围在6.2%～27.7%，其中河北省海域使用贡献率最大，说明近10年海域资源投入对河北省海洋经济增长具有极大的拉动作用；天津市海域使用贡献率最小，说明近10年天津海洋经济增长对海域资源投入的依赖较弱（见图4-12）。

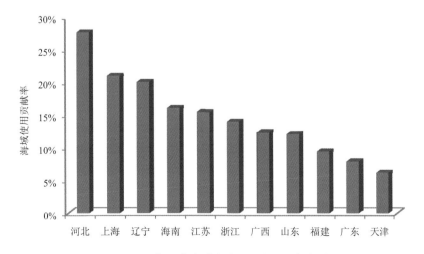

图4-12　2004—2015年沿海省（自治区、直辖市）海域使用贡献率

沿海地区资本投入对海洋经济增长的贡献差异较大，在8.0%～28.8%之间波动，说明各省份海洋经济增长过程中对资本投入的依赖程度有所区别，广西壮族自治区海洋经济发展对资本投入的依赖最高，上海市海洋经济对资本投入的依赖最低。涉海劳动力增长对沿海地区海洋经济增长的贡献较小，并且沿海各个省份之间差距不大，集中在14.3%～18.4%之间。广义科技进步对沿海地区海洋经济增长的作用普遍显著，其中天津市TFP贡献率达到56.1%，即使TFP贡献率最低的河北省也达到了32.9%（见图4-13）。

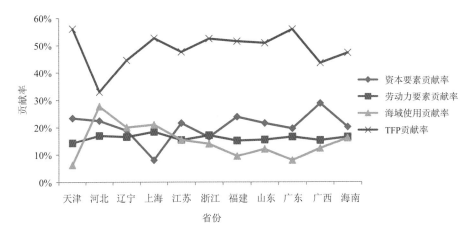

图4-13　2004—2015年沿海省（自治区、直辖市）
海洋经济生产要素和TFP贡献率

　　从海洋经济总量角度对各省份海洋经济增长原因进行横向对比。近年来海洋经济总量大省广东省和山东省（见图2-16），2014年和2015年海洋生产总值均超过1万亿元，两省广义科技进步对海洋经济增长的作用显著，但海域使用贡献率较低，说明两省海洋经济对海域资源投入的依赖较小。而近年来海洋经济总量相对较小的广西壮族自治区、海南省和河北省，TFP贡献率都相对较低，说明三省份广义海洋科技进步对海洋经济发展增长的贡献较弱。其中，广西壮族自治区资本贡献率最高，海南省海域使用贡献率相对较高，河北省海域使用贡献率最高，说明广西壮族自治区海洋经济增长对资本投入的依赖相对较高，而海南省和河北省对海域资源投入的依赖相对较高。由此认为，广义科技进步将成为海洋经济健康持续发展的最主要动力。

## 二、各海洋经济区海域使用贡献率

### （一）环渤海经济区

环渤海经济区是指环绕着渤海全部及黄海的部分沿岸地区所组成的广大经济区域，是我国北部的"黄金海岸"，具有相当完善的轻重工业基础、丰富的自然资源、雄厚的科技力量和便捷的交通条件，也是我国中西部发展的战略地区，在全国经济发展格局中占有举足轻重的地位。2004—2015年环渤海经济区的海域使用贡献率前期在10.7%~19.4%之间波动，2011年开始显著提高，最近4年海域使用贡献率保持较高水平（见图4-14），说明近3年环渤海经济区海域资源的大规模投入，有力拉动了本区域海洋经济的增长，环渤海经济区经济增长对海域资源投入的依赖较大。

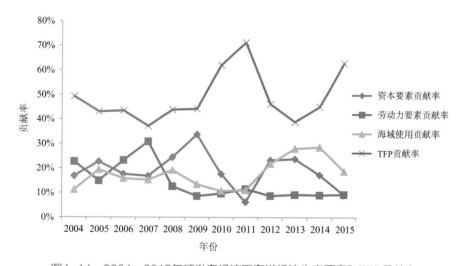

图4-14　2004—2015年环渤海经济区海洋经济生产要素和TFP贡献率

2004—2015年，环渤海经济区海洋经济增长中，资本要素贡献率在6.2%~33.8%之间波动。除2011年和2015年外，其他年份资本要素贡献率均高于15%，说明环渤海经济区资本投入对海洋经济增长的贡献较为显著，其作用不可忽视。劳动力要素贡献率在8.7%~30.9%之间变化，2008年之前劳动力贡献率相对较高，自2008年开始降低，说明环渤海经济区海洋经济发展对劳动力的需求开始降低。TFP贡献率在37.1%~71.2%之间波动，远高于资本、劳动力和海域资源等要素贡献率，说明广义科技进步对环渤海经济区海洋经济增长起到主要作用，不过近几年海域使用贡献率和资本贡献率的提高，挤占了TFP贡献率的份额，使广义科技进步对海洋经济增长的作用有所下降。

### （二）长江三角洲经济区

长江三角洲经济区位于我国东部沿海、沿江地带交汇处，区位优势突出，经济实力雄厚。长江三角洲经济区以上海为核心，以技术型工业为主，技术力量雄厚，前景好，政府支持力度大，环境优越，教育发展好，人才资源充足，是我国最具发展活力的地区。2004—2015年，长江三角洲经济区的海域使用贡献率总体呈下降趋势，从2009年开始海域使用贡献率开始低于15%（见图4-15）。总体来说，2008年之前，长江三角洲经济区海域资源投入在海洋经济增长中的作用较为显著，海域使用贡献率在20%以上；而2008年之后，长江三角洲经济区海洋经济增长对海域资源投入的依赖较弱。

2004—2015年，长江三角洲经济区海洋经济增长中，资本要素贡献率在8.4%～31.1%之间波动，最近3年对海洋经济增长的贡献显著。劳动力要素贡献率在8.8%～29.7%之间变化，2009年前劳动力要素贡献率较高，2009年以后基本呈下降趋势。广义科技进步对海洋经济增长的贡献最大，在波动中增长，最高年份达70.9%。

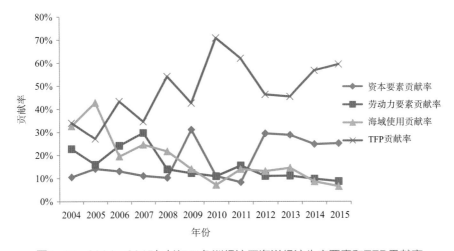

图4-15　2004—2015年长江三角洲经济区海洋经济生产要素和TFP贡献率

## （三）海峡西岸经济区

海峡西岸经济区以福建为主体包括周边地区，南北与"珠三角"、"长三角"两个经济区衔接，东与台湾省、西与江西省的广大内陆腹地贯通，是具备独特优势的地域经济综合体，具有带动全国经济走向世界的能力。2004—2015年海峡西岸经济区海域使用贡献率经历多次波动，在2%~25.9%之间变化，总体表现为下降趋势，除2005年和2007年外，海域使用贡献率均低于全国平均水平（见图4-16），说明海域资源投入在海峡西岸经济区海洋经济增长的拉动作用相对较小。

2004—2015年海峡西岸经济区资本要素贡献率在17.0%~35.3%之间小幅波动，在海洋经济增长中作用显著；劳动力要素贡献率在7.6%~28.5%之间变化，大致呈降低趋势，对拉动海洋经济增长的作用逐渐减小；TFP贡献率在17.3%~67.3%之间变化，2008年之后基本在55%以上，说明近年来广义科技进步在海峡西岸经济区海洋经济增长中的作用非常显著。

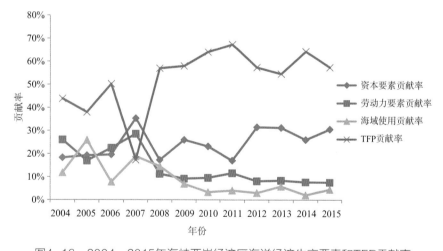

图4-16　2004—2015年海峡西岸经济区海洋经济生产要素和TFP贡献率

## （四）珠江三角洲经济区

珠江三角洲经济区主要包括我国大陆南部的广东省，与香港、澳门两大特别行政区接壤，科技力量与人才资源雄厚，海洋资源丰富，是我国经济发展最快的地区之一。2004—2015年珠江三角洲经济区的海域使用贡献率波动较大，且海域使用贡献率数值一直低于全国平均水平（见图4-17）。推测由于珠江三角洲经济区海域资源相对紧缺（见图2-2），每年新增海域面积相对较少，导致海域资源投入对海洋经济增长的贡献较弱。

2004—2015年珠江三角洲经济区资本要素贡献率在5.2%～33.4%之间波动，2004—2008年贡献率较低，2008—2014年出现较大波动，但多数年份资本投入对海洋经济增长具有显著贡献。劳动力要素贡献率在8.4%～29.5%之间波动，近几年在海洋经济增长中的贡献较低。TFP贡献率在41.5%～74.5%之间波动，广义科技进步在海峡西岸经济区海洋经济增长中的作用最突出。

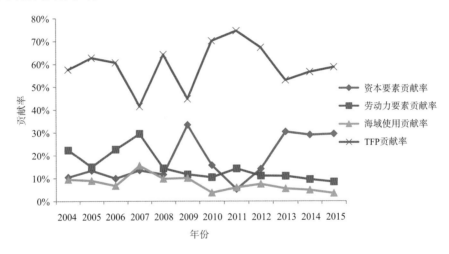

图4-17 2004—2015年珠江三角洲经济区海洋经济生产要素和TFP贡献率

### （五）环北部湾经济区

环北部湾经济区地处华南经济圈、西南经济圈和东盟经济圈的结合部，是我国西部大开发地区唯一的沿海区域，也是我国与东盟国家既有海上通道，又有陆地接壤的区域，区位优势明显，战略地位突出。环北部湾经济区岸线、土地、淡水、海洋、农林、旅游等资源丰富，环境容量较大，生态系统优良，人口承载力较高，开发密度较低，是我国沿海地区规划布局新的现代化港口群、产业群和建设高质量宜居城市的重要区域，具有巨大的发展潜力。2004—2015年环北部湾经济区的海域使用贡献率一直呈波动趋势，海域使用贡献率最小值出现在2010年，为7.2%，最大值出现在2011年，为23.2%，海域资源投入对环北部湾经济区海洋经济发展的贡献相对较大（见图4-18）。

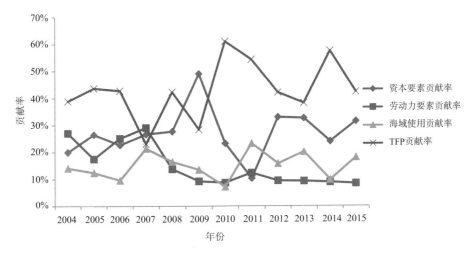

图4-18　2004—2015年环北部湾经济区海域使用贡献率

2004—2015年，环北部湾经济区海洋经济增长中，资本要素贡献率在10.3%～49.0%之间变化，多数年份在20%以上，说明资本投入对环北部湾经济区海洋经济增长的作用非常显著。劳动力要素的贡献率在2008年之前保持较高水平，自2008年后明显降低，说明近几年该区域海洋经济增长对劳动力要素的依赖程度逐渐降低。TFP贡献率在23.0%～61.0%之间波动变化，虽然相对其他经济区贡献率较小，但在本区域海洋经济增长中仍起最主要作用。

### （六）五个海洋经济区海域使用贡献率比较

比较5个经济区2004—2015年的海域使用贡献率，长江三角洲经济区的贡献率水平最高，为20.0%；其次为环渤海和环北部湾经济区分别为16.7%和14.5%；珠江三角洲经济区和海峡西岸经济区的贡献率水平最低，分别为9.5%和7.9%（见图4-19）。由此说明，2004—2015年，海域资源投入在"长三角"和环渤海地区海洋经济增长中的作用相对显著，在海峡西岸和"珠三角"经济区海洋经济增长中的贡献相对较小。

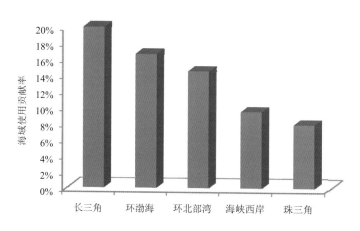

图4-19  2004—2015年5个海洋经济区海域使用贡献率

## 三、各海洋经济圈海域使用贡献率

### （一）北部海洋经济圈

北部海洋经济圈海洋经济发展基础雄厚，海洋科研教育优势突出，是我国北方地区对外开放的重要平台，是我国参与经济全球化的重要区域，是具有全球影响力的先进制造业基地和现代服务业基地、全国科技创新与技术研发基地。该区域与环渤海经济区范围一致，二者海域使用贡献率趋势也一致。2004—2015年北部海洋经济圈海域使用贡献率前期在10.7%～19.4%之间波动，2011年开始显著提高，最近4年海域使用贡献率保持较高水平（见图4-20），说明近3年北部海洋经济圈海域资源的大规模投入，有力拉动了本区域海洋经济的增长，北部海洋经济圈经济增长对海域资源投入的依赖较大。

2004—2015年，北部海洋经济圈海洋经济增长中，资本要素贡献率在6.2%～33.8%之间波动。除2011年和2015年外，其他年份资本要素贡献率均高于15%，说明北部海洋经济圈资本投入对海洋经济增长的贡献较为显著，其作用不可忽视。劳动力要素贡献率在8.7%～30.9%之间变化，2008年之前劳动力贡献率相对较高，自2008年开始降低，说明北部海洋经济圈海洋经济发展对劳动力的需求开始降低。TFP贡献率在37.1%～71.2%之间波动，远高于资本、劳动力和海域资源等要素贡献率，说明广义科技进步对北部海洋经济圈海洋经济增长起到主要作用，不过近几年海域使用贡献率和资本贡献率的提高，挤占了TFP贡献率的份额，使广义科技进步对海洋经济增长的作用有所下降。

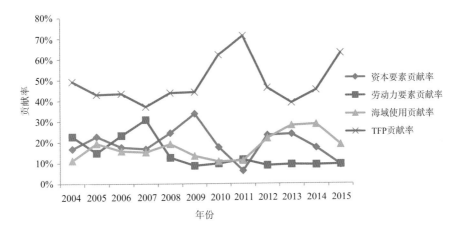

图4-20　2004—2015年北部海洋经济圈海洋经济生产要素和TFP贡献率

## （二）东部海洋经济圈

东部海洋经济圈港口航运体系完善，海洋经济外向型程度高，是我国参与经济全球化的重要区域、亚太地区重要的国际门户、具有全球影响力的先进制造业基地和现代服务业基地。该区域与长江三角洲经济区范围一致，二者海域使用贡献率趋势也一致。2004—2015年，东部海洋经济圈海域使用贡献率总体呈下降趋势，从2009年开始海域使用贡献率开始低于15%（见图4-21）。总体来说，2009年之前，东部海洋经济圈海域资源投入在海洋经济增长中的作用较为显著，海域使用贡献率在20%以上；而2009年之后，东部海洋经济圈海洋经济增长对海域资源投入的依赖较弱。

2004—2015年，东部海洋经济圈海洋经济增长中，资本要素贡献率在8.4%～31.1%之间波动，最近3年对海洋经济增长的贡献显著。劳动力要素贡献率在8.8%～29.7%之间变化，2008年前劳动力要素贡献率较高，2008年以后基本呈下降趋势。广义科技进步对海洋经济增长的贡献最大，在波动中增长，最高年份达70.9%。

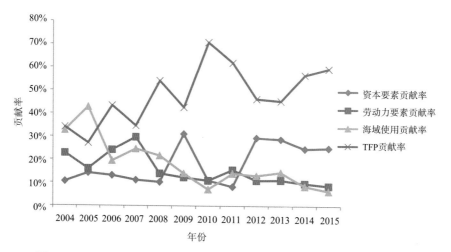

图4-21　2004—2015年东部海洋经济圈海洋经济生产要素和TFP贡献率

## （三）南部海洋经济圈

南部海洋经济圈海域辽阔、资源丰富、战略地位突出，是我国对外开放和参与经济全球化的重要区域，是具有全球影响力的先进制造业基地和现代服务业基地，也是我国保护开发南海资源、维护国家海洋权益的重要基地。2004—2015年南部海洋经济圈的海域使用贡献率在波动中降低。2004—2010年，处于较大的波动期；2010—2015年有小幅波动，并且海域使用贡献率数值一直低于10%（见图4-22）。总体来说，2010年以后，海域资源投入在南部海洋经济圈海洋经济增长中的贡献相对较小。

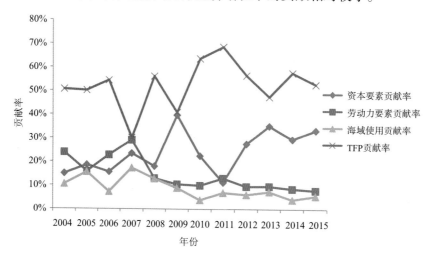

图4-22　2004—2015年南部海洋经济圈海洋经济生产要素和TFP贡献率

2004—2015年南部海洋经济圈资本要素贡献率保持在11.3%～39.8%之间，多数年份资本投入在海洋经济增长中发挥显著作用。劳动力要素贡献率自2008年开始保持较低水平，说明南部海洋经济圈海洋经济增长对劳动力的依赖较小。TFP贡献率在30.1%～68.7%之间波动，说明广义科技进步始终是本区域海洋经济增长的最主要因素。

### （四）三个海洋经济圈海域使用贡献率比较

比较北部、东部和南部3个海洋经济圈的海域使用贡献率水平，东部海洋经济圈的贡献率最高，为20.0%，其次为北部海洋经济圈，贡献率为16.7%，南部海洋经济圈的贡献率水平最低，为9.3%，是唯一一个低于全国平均水平的海洋经济圈（见图4-23），说明南部海洋经济圈海洋经济增长对海域资源投入的依赖相对较小。

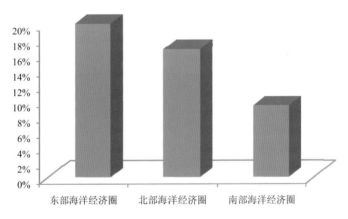

图4-23 2004—2015年3个海洋经济圈海域使用贡献率

# 第五章 海域使用与海洋经济发展专题分析

海域使用对海洋经济的增长和发展有着深刻影响。一方面，海域使用作用于海洋经济发展，海洋经济发展必须以海域为依托，海域为海洋经济发展提供物质基础，海域开发利用结构的变化作用于海洋经济发展的质量。另一方面，海洋经济发展又反作用于海域使用，海域确权面积随着海洋经济发展规模的改变而改变；海洋产业发展政策的改变，推动海洋产业结构的变化，从而决定海域使用结构的变化。近年来，海域供给面积一直保持较高增长率，为海洋经济发展提供了宝贵的空间和丰富的资源，对海洋经济的高速增长发挥了不可或缺的作用，是我国海洋经济发展的重要支撑要素之一。因此，报告从总量和增量两个方面定量分析海域使用与海洋经济的关系。

## 一、海域使用面积总量与海洋经济总量关系分析

海域使用面积总量与海洋经济总量存在强正相关关系。海域使用与海洋经济的发展密切相关，采用已确权海域面积衡量海域使用面积总量，海洋生产总值衡量海洋经济总量。通过相关性分析可知，海域使用面积与海洋经济的相关系数为0.9907，两者存在很强的正相关性。以海域使用面积为自变量，以海洋经济总量为因变量进行线性回归[①]可知，两者存在线性关系，可认为海域使用面积每增加1万公顷，带来同期海洋经济总量相应增加286.24亿元。由此说明，科学合理的海域使用活动可促进海洋经济增长，带来经济效益（见图5-1）。

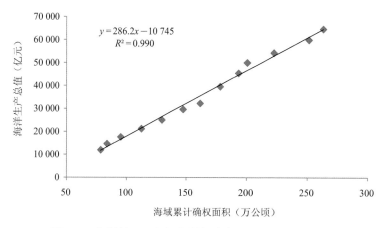

图5-1　海域使用面积与海洋经济生产总值的线性回归拟合

---

① 见附录五。

## 二、海域使用面积增量与海洋经济增量关系分析

海域使用面积增加对海洋经济增长的影响存在一定滞后性。海域使用面积增量能够反映短期内海洋经济发展对海域面积的需求，以新增确权面积代表海域使用面积增量，以海洋生产总值的增量代表海洋经济增量。经测算，新增确权海域面积与海洋经济增量之间的相关系数只有0.13，相关性较弱。2004—2015年新增确权海域面积与海洋经济增量均呈现不规则变化，但大体均为先增长后下降并再次循环的走势，然而二者在时间上存在差异。因此认为两者存在超前对应关系，即一般在新增确权海域面积的波峰或波谷出现2～3年后，海洋经济增量对应出现波峰或波谷，说明海域使用面积增加对海洋经济增长存在一定影响，但影响效果存在滞后性（见图5-2）。

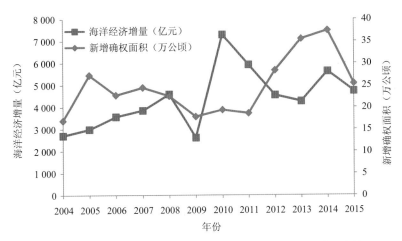

图5-2　2004—2015年新增确权海域面积与海洋经济增量走势

## 三、海域使用产出强度分析

海域使用产出强度[①]总体呈增长趋势。2003年全国海域产出强度为153亿元/万公顷，2015年海域使用产出强度为249亿元/万公顷，总体呈增长趋势（见图5-3），说明我国海域集约化利用程度正逐渐提高。但各省海域使用产出强度差距很大，上海市海域使用产出强度最大，近5年均高于12 000亿元/万公顷；其次为天津市，近5年海域使用产出强度均高于1 000亿元/万公顷；广东省海域使用强度居第三位，近5年均高于500亿元/万公顷；值得注意的是，尽管海南省海洋经济总量最小，但近4年其海域使用产出强度却高于500亿元/万公顷，位居第四位；此外，福建省和浙江省海域使用产出强度略高于全国平均水平，而河北省、辽宁省、江苏省、山东省、广西壮族自治区等省区的海域使用产出强度均低于全国平均水平（见表5-1）。

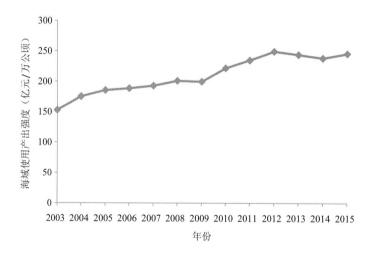

图5-3 2003—2015年海域使用产出强度

———————————

[①] 海域产出强度指单位面积海域的海洋经济生产总值，单位亿元/万公顷。海域产出强度可以用于评价海域的集约利用程度。

表5-1 2003—2015年沿海各省（市，区）海域使用产出强度 [1]

单位：亿元/万公顷

| 年份 | 天津 | 河北 | 辽宁 | 上海 | 江苏 | 浙江 | 福建 | 山东 | 广东 | 广西 | 海南 |
|------|------|------|------|------|------|------|------|------|------|------|------|
| 2003 | 329 | 126 | 28 | — | 46 | 272 | 183 | 64 | 295 | 49 | 246 |
| 2004 | 575 | 129 | 41 | — | 42 | 269 | 207 | 74 | 388 | 89 | 322 |
| 2005 | 753 | 98 | 38 | — | 34 | 259 | 140 | 74 | 492 | 96 | 317 |
| 2006 | 673 | 199 | 45 | 37 917 | 47 | 192 | 147 | 98 | 425 | 181 | 339 |
| 2007 | 681 | 168 | 48 | 16 699 | 54 | 202 | 162 | 106 | 392 | 165 | 356 |
| 2008 | 731 | 159 | 48 | 18 429 | 52 | 218 | 168 | 114 | 465 | 176 | 350 |
| 2009 | 697 | 101 | 45 | 12 389 | 62 | 252 | 190 | 117 | 492 | 178 | 345 |
| 2010 | 913 | 120 | 43 | 14 898 | 75 | 278 | 210 | 137 | 580 | 202 | 372 |
| 2011 | 1 022 | 120 | 49 | 14 605 | 83 | 304 | 237 | 151 | 615 | 183 | 393 |
| 2012 | 1 109 | 131 | 41 | 15 243 | 85 | 324 | 242 | 150 | 668 | 208 | 403 |
| 2013 | 1 230 | 139 | 39 | 15 843 | 82 | 328 | 261 | 134 | 691 | 221 | 409 |
| 2014 | 1 287 | 147 | 37 | 13 982 | 88 | 331 | 306 | 126 | 784 | 236 | 400 |
| 2015 | 1 262 | 138 | 35 | 12 928 | 93 | 347 | 343 | 126 | 799 | 228 | 431 |

---

[1] 据统计数据，2003—2005年上海市海域确权面积为0，故表中不包含该市2003—2005年海域使用产出强度数据。

# 第六章 我国海域使用贡献率趋势
分析与海域管理展望

海域作为海洋开发活动的空间和载体，是涉海资本、劳动力及科技等要素聚集的先决条件，更是"十三五"壮大海洋经济的重要支撑。根据测算结果，"十一五"和"十二五"时期我国海域使用贡献率不低于18%，在海洋经济增长中发挥显著作用。《中华人民共和国国民经济和社会发展第十三个五年规划纲要》提出"拓展蓝色经济空间"，使海域在海洋经济发展中的地位进一步凸显，这也对海域管理工作提出了新要求。

　　从长期来看，我国海域使用贡献率水平波动较大。一方面，由于用海需求变动较大，导致海域使用面积产生较大变化；另一方面，海域使用面积受国家重大政策的影响，国家重大建设用海项目几年上马一次，海域使用面积增长不规律导致海域使用贡献率波动较大。从短期来看，海域使用贡献率平均水平相对稳定，维持在16%～19%，说明近年来我国海洋开发中对海域资源的稳定供给能够较好地满足海洋经济发展和增长的需求。

　　海域使用贡献率并非越高越好。大规模海域资源投入为海洋经济增长提供了良好的支撑，低成本的海域资源投入弥补了海洋经济发展初期的资本匮乏。随着海洋经济发展水平不断提升和近岸海域资源日趋紧张，在今后的海域开发利用中，增加海域使用面积的空间将会越来越小。从海洋经济可持续发展的角度考虑，对海域资源过高的依赖存在不利因素，要保持海洋经济持续稳定增长，必须提高闲置海域的利用效率，推动海域使用从规模速度型向质量效益型转变。因此，随着我国海域集约节约利用的不断深入，海洋经济增长将更加依赖海洋科技、海域综合管理等因素。

"十三五"是我国建设新型海洋强国的关键时期，海洋事业面临着良好的发展机遇，海域开发能力和规模将一进步加强，海域资源的稀缺性将日益凸显，海域的稳定供给将成为海洋经济增长的关键因素之一。"十三五"时期海域综合管理，应遵循开源节流的原则，从以下4个方面提升我国海域利用水平，保障海洋经济增长的用海需求：一是加大对闲置海域的清查处置力度，有效盘活海域存量资源，积极寻找融资渠道，使海域资源发挥最大效用，增强海洋经济发展后劲；二是健全海域使用权招拍挂出让制度，积极推进海域使用权市场化配置，满足市场需求，促进海域资源合理使用；三是优化海域资源利用的空间布局，推进海域立体确权，扩展海域使用的垂直空间，提高海域资源的利用效率；四是推进海域资源集约节约利用，科学布局海洋产业，将粗放经营、利用效率低的海域进行充分整合，提高海域的产出效益。

# 附　录

# 附录一  海域使用贡献率测算思路及方法

经济发展是由资本、劳动力等多种生产要素共同推动的，各生产要素的投入数量、质量和效率决定经济的发展速度。经济增长理论认为一国或地区的经济发展是自然资源、人力资源、资本积累等多种生产要素按不同比例组合的函数，为准确分析各生产要素投入在经济增长中的作用，经济学家普遍利用生产函数原理构建研究模型进行测算。《国家海域使用贡献率测评研究》借鉴以往研究经验，运用计量经济学分析方法，从构建生产函数模型出发，研究海域使用贡献率。

## 一、理论基础

生产函数是在一定假设下，描述生产过程中生产要素投入与经济产出要素定量关系的经济学模型，是进行生产过程数量分析的重要工具。运用生产函数法测量生产要素投入对经济增长贡献的优点是需要的资料少，操作比较简单。生产函数法的具体形式有很多种，如柯布-道格拉斯生产函数、索洛余值法、CES生产函数、超越对数生产函数等，其中柯布-道格拉斯生产函数使用最为广泛。

柯布-道格拉斯（C-D）生产函数由美国数学家Cobb和经济学家Douglas共同提出，该函数反映了劳动和资本投入量与产出量之间的关系，具有如下函数形式：

$$Y = f(A, L, K) = AK^{\alpha}L^{\beta} \tag{1}$$

式中，$Y$为经济产出总量；$L$和$K$分别代表劳动力和资本的投入；$A$为综合技术水平；$\alpha$为资本投入产出弹性；$\beta$为劳动力投入的产出弹性，假设规模效益不变，即$\alpha+\beta=1$。

## 二、模型建立

最初生产函数模型未考虑自然资源对经济增长的影响和作用，这是因为在特定发展阶段，自然资源并不是促进经济增长的主要制约条件，只是以满足经济发展所需为主，在建立经济模型时只需考虑主要矛盾和关键影响因素，可忽视自然资源的影响。而如今社会经济已进入新的发展阶段，影响经济发展的因素越来越复杂，学者们越来越多地讨论土地①②③④、教育⑤⑥或能源⑦等要素对经济增长的贡献。目前，在自然资源领域，专家学者对土地资源的经济贡献率进行了广泛而深入的研究。

　　国内学者对土地资源对经济发展的作用研究主要集中在从实证角度探讨土地资源供给对国民经济增长的贡献，一般采用C-D函数或其改进形式（如索洛生产函数模型、不变替代弹性生产函数模型、变替代弹性生产函数模型、超越对数生产函数模型等），构建包括土地要素的生产函数模型来分析资本、劳动力和土地对经济增长的贡献。通过分析发现，生产函数形式、指标选取及弹性系数测算等成为土地供给贡献率研究的主要内容和关键问题。

　　在海洋领域，相关学者已经开展海洋经济增长贡献率的研究⑧⑨，目前普遍认为海洋经济增长要素至少包含涉海资本、劳动和科技等，但尚未涉

① 毛振强, 左玉强. 土地投入对中国二三产业发展贡献的定量研究[J]. 中国土地科学, 2007, 21(3): 59−63.

② 丰雷, 魏丽, 蒋妍. 论土地要素对中国经济增长的贡献[J]. 中国土地科学, 2008, 22(12): 4−10.

③ 李名峰. 土地要素对中国经济增长贡献研究[J]. 中国地质大学学报（社会科学版）, 2010, 10(1): 60−64.

④ 叶剑平, 马长发, 张庆红. 土地要素对中国经济增长贡献分析——基于空间面板模型[J]. 财贸经济, 2011, (4): 111−116, 124.

⑤ 张根文, 黄志斌. 安徽省高等教育对经济增长贡献率的实证分析[J]. 华东经济管理, 2010, 24(1):19−21.

⑥ 张方涛. 教育对我国经济增长贡献的实证研究[D]. 山东：山东大学, 2010.

⑦ 张忠斌, 蒲成毅. 能源消耗与经济增长关系的动态机理分析——基于C-D生产函数[J]. 科技管理研究, 2014, 34(5): 226−230.

⑧ 刘大海, 李朗, 刘洋, 等. 我国"十五"期间海洋科技进步贡献率的测算与分析[J]. 海洋开发与管理, 2008, 25(4): 12−15.

⑨ 孙瑞杰, 李双建. 海洋经济领域投入要素贡献率的测算[J]. 海洋开发与管理, 2011, 28(7): 95−99.

及海域要素。从经济发展阶段来看，在海洋经济发展早期，海域不是影响海洋经济增长的主要制约条件，而是以满足海洋经济发展所需为主，因此在此阶段不需要考虑海域要素的贡献；但如今，随着海域开发利用的深度和广度不断增加，各产业用海矛盾日益突出，海域资源的制约作用愈加明显，不可再忽视海域使用在海洋经济增长中所发挥的作用。因此，报告将海域资源作为海洋经济发展的重要投入要素之一，研究海域资源供给对海洋经济增长的贡献。

海域供给对经济增长的影响机理及其实现渠道在理论上可用附图1-1来概括，海域供给对经济增长的直接效应用渠道a表示，对经济增长的间接效应通过渠道b、c、d、e、f来实现。在渠道d→b中，海域供给以资本投入的形式间接影响海洋经济增长的速度和方式。其机理在于，我国海域所有权归国家所有，政府是海域的唯一供应方，因此，政府通过海域使用权审批控制海域供给的投入规模、投入方向和投入速度，通过对海域供给的管控实现对资本投入规模、方向和速度的影响，进而对海洋经济增长的速度和增长的方式产生间接影响。在渠道d→f→c和e→c中，通过海域审批影响涉海就业，从而对海洋经济增长的结构产生间接影响。由此认为，海域作为海洋开发利用的空间资源和载体，在海洋经济增长中发挥着不可替代的作用。

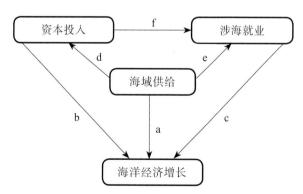

附图1-1　海域供给对海洋经济增长的影响渠道

鉴于此，报告以生产函数为基础，并加入新的自变量，建立包括海域供给、劳动力投入、资本投入和技术进步的C-D函数，以更好地反映出海域使用（海域资源供给）对海洋经济增长的贡献，其数学表达式：

$$Y = f(A,K,L,T) = AK^{\alpha} L^{\beta} T^{\gamma} \tag{2}$$

式中，$Y$为经济产出总量；$K$、$L$和$T$分别代表资本投入、劳动力投入和海域供给；$A$为广义科技进步因素；$\alpha$、$\beta$、$\gamma$为资本、劳动力和海域供给的产出弹性，假设规模效益不变，即$\alpha+\beta+\gamma=1$。

对公式两边取对数，则模型变为：

$$\ln Y = \ln A + \alpha \ln K + \beta \ln L + \gamma \ln T \tag{3}$$

两边同时对$t$求导，得：

$$\frac{1}{Y}\frac{dY}{dt} = \alpha \frac{1}{K}\frac{dK}{dt} + \beta \frac{1}{L}\frac{dL}{dt} + \gamma \frac{1}{T}\frac{dT}{dt} + \frac{1}{A}\frac{dA}{dt} \tag{4}$$

由于实际数据都是离散的，可用差分方程代替微分方程，并令$\Delta t=1$，得到：

$$\frac{\Delta Y}{Y} = \alpha \frac{\Delta K}{K} + \beta \frac{\Delta L}{L} + \gamma \frac{\Delta T}{T} + \frac{\Delta A}{A} \tag{5}$$

$$G_Y = \alpha G_K + \beta G_L + \gamma G_T + G_A \tag{6}$$

式中，$G_Y$为产出年均增长率；$G_K$为资本年均增长率；$G_L$为劳动力年均增长率；$G_T$为海域供给年均增长率；$G_A$技术进步年均增长率。

因此，海域使用贡献率为：

$$E_T = \gamma \frac{G_T}{G_Y} \tag{7}$$

此外，资本要素的贡献率为：

$$E_K = \alpha \frac{G_K}{G_Y} \tag{8}$$

劳动力要素的贡献率为：

$$E_L = \beta \frac{G_L}{G_Y} \tag{9}$$

广义科技进步贡献率（TFP贡献率）为：

$$A = 1 - E_K - E_L - E_T \qquad (10)$$

上式中，广义科技进步贡献率是通过计算增长余值得到的，其大小由投入、产出要素所决定，不但包含了所有没有识别的带来海洋经济增长的因素，而且还包括了概念上和度量上的全部误差。在内涵上代表了技术进步、组织创新、管理创新、制度创新等广义科技进步因素对产出的作用，体现的是内涵式扩大再生产。

## 三、弹性系数计算

弹性系数值的确定是测算工作的重点和难点，目前尚不存在统一、准确的测算方法，各种方法的测算结果相差很大，较常用的方法有经验法和回归分析法。根据以往海洋科技进步贡献率的测算经验[①]，在不考虑海域使用的情况下，取资本的弹性系数为$\alpha=0.3$，劳动力的弹性系数为$\beta=0.7$。当考虑海域资源的作用时，可将现在的资本指标和海域供给指标共同视为不考虑海域使用情况的资本指标，即将弹性系数确定为$\alpha+\gamma=0.3$，$\beta=0.7$。$\alpha$和$\beta$的值采用灰色关联度法进一步确定。

利用灰色关联度法[②]，分别测算资本投入和海域使用与海洋生产总值的关联度。结果显示，涉海资本投入与海洋生产总值的关联度为0.59，海域使用面积与海洋生产总值的关联度为0.92。按此进行比重分配，可得$\alpha=0.12$，$\gamma=0.18$。报告在测算国家海域使用贡献率时，均采用$\gamma=0.18$值。

计算区域海域使用贡献率时，针对沿海11个省（市、区）、5个海洋经济区和3个海洋经济圈的统计数据，采用上述方法分别计算资本、劳动力及海域要素的弹性系数，沿海各省份资本、劳动力及海域要素的弹性系数计算结果如附表1-1所示。

---

① 刘大海, 李朗, 刘洋, 等. 我国"十五"期间海洋科技进步贡献率的测算与分析[J]. 海洋开发与管理, 2008, 25(4):12-15.
② 见附录四。

附表1-1　沿海各省（市、区）资本、劳动力及海域要素的弹性系数

| 省份 | 天津 | 河北 | 辽宁 | 上海 | 江苏 | 浙江 | 福建 | 山东 | 广东 | 广西 | 海南 |
|------|------|------|------|------|------|------|------|------|------|------|------|
| $\alpha$ | 0.172 | 0.138 | 0.139 | 0.152 | 0.174 | 0.154 | 0.147 | 0.168 | 0.178 | 0.162 | 0.130 |
| $\beta$ | 0.700 | 0.700 | 0.700 | 0.700 | 0.700 | 0.700 | 0.700 | 0.700 | 0.700 | 0.700 | 0.700 |
| $\gamma$ | 0.128 | 0.162 | 0.161 | 0.148 | 0.126 | 0.146 | 0.153 | 0.132 | 0.122 | 0.138 | 0.170 |

各海洋经济区资本、劳动力及海域要素的弹性系数计算结果如附表1-2所示。

附表1-2　各海洋经济区资本、劳动力及海域要素的弹性系数

| 经济区 | 环渤海 | 长三角 | 海峡西岸 | 珠三角 | 环北部湾 |
|--------|--------|--------|----------|--------|----------|
| $\alpha$ | 0.141 | 0.141 | 0.147 | 0.178 | 0.145 |
| $\beta$ | 0.700 | 0.700 | 0.700 | 0.700 | 0.700 |
| $\gamma$ | 0.159 | 0.159 | 0.153 | 0.122 | 0.155 |

各海洋经济圈资本、劳动力及海域要素的弹性系数计算结果如附表1-3所示。

附表1-3　各海洋经济圈资本、劳动力及海域要素的弹性系数

| 省份 | 北部海洋经济圈 | 东部海洋经济圈 | 南部海洋经济圈 |
|------|----------------|----------------|----------------|
| $\alpha$ | 0.141 | 0.141 | 0.164 |
| $\beta$ | 0.700 | 0.700 | 0.700 |
| $\gamma$ | 0.159 | 0.159 | 0.136 |

# 附录二　海域使用贡献率测算的其他方法

《国家海域使用贡献率测评研究》首次采用生产函数模型对海域使用的经济贡献率进行测算，在此之前，亦有其他方法针对海域使用的贡献或影响进行定量测算。多数研究基于海域开发利用是海洋经济发展的前提和基础，从海洋经济的角度测算海域使用对国民经济的贡献。报告参考或借鉴此类方法，并基于涉海数据进行测评。

## 一、海洋经济（产业）贡献率

根据国家统计局网站，贡献率是分析经济效益的一个指标。它是指有效或有用成果数量与资源消耗及占用量之比，即产出量与投入量之比，或所得量与消耗量之比。计算公式如下：

$$贡献率（\%）= \frac{贡献量（产出量或所得量）}{投入量（消耗量或占用量）} \times 100\% \qquad (1)$$

贡献率也用于分析经济增长中各因素作用大小的程度，计算方法如下：

$$贡献率（\%）= \frac{某因素增加量（增量或增长程度）}{总增加量（总增量或增长程度）} \times 100\% \qquad (2)$$

上式实际上是指某因素的增长量（程度）占总增长量（程度）的比重。在《中国统计年鉴》中，有"三次产业和主要行业贡献率"的统计指标，解释为：三次产业或主要行业增加值增量与GDP增量之比。

在研究海域使用对经济的作用时，有部分研究采用上述方法计算因海域使用产生的经济效益（海洋生产总值，即GOP）对GDP的贡献，测算结果如下。

根据附表2-1和附图2-1，2004—2015年海洋经济贡献率在7.7%~11.9%之间波动。中国经济进入新常态后，海洋经济贡献率保持在11.7%的水平上，说明在中国海洋经济发展发生深刻变化的同时，海洋经济增量占国民经济增量的比重仍保持在较高水平，海洋经济发展对于建设海洋强国以及中国经济健康发展的重要意义进一步凸显。

附表2-1　2004—2015年海洋经济贡献率测算结果

| 年份 | GOP（亿元） | GDP（亿元） | GOP增量（亿元） | GDP增量（亿元） | 贡献率 |
|---|---|---|---|---|---|
| 2003 | 11 952 | 136 565 | | | |
| 2004 | 14 662 | 160 714 | 2 710 | 24 150 | 11.2% |
| 2005 | 17 656 | 185 896 | 2 994 | 25 181 | 11.9% |
| 2006 | 21 220 | 217 657 | 3 564 | 31 761 | 11.2% |
| 2007 | 25 073 | 268 019 | 3 853 | 50 363 | 7.7% |
| 2008 | 29 662 | 316 752 | 4 589 | 48 732 | 9.4% |
| 2009 | 32 278 | 345 629 | 2 616 | 28 878 | 9.1% |
| 2010 | 39 573 | 408 903 | 7 295 | 63 274 | 11.5% |
| 2011 | 45 496 | 484 124 | 5 923 | 75 221 | 7.9% |
| 2012 | 50 045 | 534 123 | 4 549 | 50 000 | 9.1% |
| 2013 | 54 313 | 588 019 | 4 268 | 53 896 | 7.9% |
| 2014 | 59 936 | 636 139 | 5 623 | 48 120 | 11.7% |
| 2015 | 64 669 | 676 708 | 4 733 | 40 569 | 11.7% |

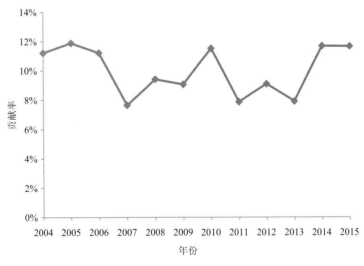

附图2-1　2004—2015年海洋经济贡献率趋势

此外，张偲[①]在研究不同海洋产业用海对海洋经济增长的影响时，亦采用上述方法计算海洋经济的贡献率：

其中，海洋第一产业贡献率：

$$海洋第一产业贡献率 = \frac{海洋第一产业增加值当年增量}{海洋生产总值当年增量} \times 100\% \quad (3)$$

海洋第二产业贡献率：

$$海洋第二产业贡献率 = \frac{海洋第二产业增加值当年增量}{海洋生产总值当年增量} \times 100\% \quad (4)$$

海洋第三产业贡献率：

$$海洋第三产业贡献率 = \frac{海洋第三产业增加值当年增量}{海洋生产总值当年增量} \times 100\% \quad (5)$$

根据以上方法计算海洋三次产业贡献率如附表2-2所示。

附表2-2　2004—2015年海洋三次产业贡献率

| 年份 | 第一产业 | 第二产业 | 第三产业 |
| --- | --- | --- | --- |
| 2004 | 3.1% | 47.8% | 49.1% |
| 2005 | 5.3% | 46.2% | 48.5% |
| 2006 | 5.6% | 55.1% | 39.3% |
| 2007 | 4.1% | 44.5% | 51.3% |
| 2008 | 7.3% | 42.1% | 50.6% |
| 2009 | 6.4% | 48.6% | 45.0% |
| 2010 | 2.1% | 54.2% | 43.7% |
| 2011 | 6.3% | 46.4% | 47.2% |
| 2012 | 6.3% | 39.2% | 54.4% |
| 2013 | 5.8% | 33.7% | 60.5% |
| 2014 | 5.5% | 38.1% | 56.5% |
| 2015 | 1.4% | 9.4% | 89.2% |

---

[①] 张偲. 我国海域利用对于海洋经济增长的影响研究[D]. 中国海洋大学, 2014.

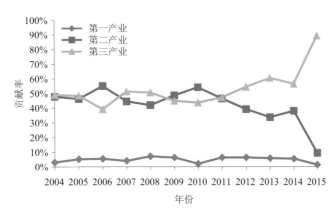

附图2-2 2004—2015年海洋三次产业贡献率趋势

由附表2-2和附图2-2可知，2004—2015年海洋第一产业对海洋经济增长的贡献率较低，在1.4%～7.3%之间变化，远低于第二产业和第三产业的贡献率；2004—2012年，海洋第二产业对海洋经济增长的贡献率与第三产业贡献率相差不大，最近3年却显著降低，与此同时，第三产业对海洋经济增长的贡献率显著提高，呈现出与之相反的趋势。

## 二、海洋经济贡献度

伍业锋、施平[①]在研究中国海洋产业经济贡献度时认为，在现有的以GDP核算为核心的统计核算制度框架下，以产业经济增加值（生产总值）及其占国家或地区GDP的比重来度量该项产业对国民经济的贡献，但若仅仅以它来代表海洋经济对国民经济的全部贡献，则会大大低估海域的地位和作用。实际上，从产业价值链的角度来看，海洋对国民经济的贡献远不止其本身所带来的增加值，还包括海洋经济生产活动的产品在下游产业链中所发挥的要素性价值，以及对上游产业所起到的拉动作用。因此，报告借鉴其测算思路将海洋经济活动的直接价值（即海洋经济生产总值GOP）占国内生产总值（GDP）的比重概括为海洋经济对国民经济的直接贡献，而与海洋生产活动产品和服务有关的、由于海洋经济拉动和实现的未包括

① 伍业锋, 施平. 中国海洋产业经济贡献度的测度[J]. 统计与决策, 2013(2):136-139.

在内的各类经济活动所创造的经济价值，归纳为海洋经济对国民经济的间接贡献，如附图2-3所示。

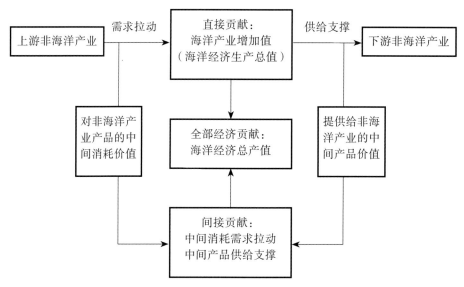

附图2-3 海洋产业的直接经济贡献和间接经济贡献示意图

由附图2-3可知，海洋对国民经济的间接贡献完全体现在其对非海洋产业的需求拉动和供给支持上。对非海洋产业中间产品的消耗价值会传递到海洋产业的总产值上；而对非海洋产业的中间产品的供给价值也计入到了海洋经济的总产值上，但无法将这部分清晰地剥离出来。不妨将海域使用产业总产值分解为以下几个部分。

海洋经济总产值=对非海洋产业产品的中间消耗+对海洋经济产业产品的中间消耗+海洋产业增加值

其中海洋产业增加值衡量海洋经济对国民经济的直接贡献，剩下来的部分包括对非海洋产业产品的中间消耗的部分间接贡献，以及对海洋产业产品的中间消耗的重复计算部分。这个重复计算的作为海洋经济内部产业间的中间产品投入部分其实也是下游海洋产业对上游海洋产业产品价值的实现，也毫无疑问是这些上游海洋产业各种业态赖以生存发展的重要基础，从这个角度来讲，这种重复也是有着重要现实意义的，因此也可以看作是海洋经济产业的间接贡献。由此，可以判断，海洋经济的间接经济贡献近似等于海洋经济总产值与海洋经济增加值的差额。

附表2-3 海洋经济贡献度测量指标

| 测度对象 | 测度指标 |
|---|---|
| 全部贡献 | 海洋经济总产值 / 国内生产总值（%） |
| 直接贡献 | 海洋生产总值 / 国内生产总值（%） |
| 间接贡献 | （海洋经济总产值−海洋生产总值）/ 国内生产总值（%） |

根据以上方法，测算海洋经济对国民经济的贡献度如附表2-4所示。

附表2-4 2003—2015年海洋经济贡献度[1]

| 年份 | 直接贡献 | 间接贡献 | 全部贡献 |
|---|---|---|---|
| 2003 | 8.8% | 11.1% | 19.9% |
| 2004 | 9.1% | 11.6% | 20.7% |
| 2005 | 9.5% | 12.1% | 21.6% |
| 2006 | 9.7% | 12.4% | 22.2% |
| 2007 | 9.4% | 11.9% | 21.3% |
| 2008 | 9.4% | 11.9% | 21.3% |
| 2009 | 9.3% | 11.9% | 21.2% |
| 2010 | 9.7% | 12.3% | 22.0% |
| 2011 | 9.4% | 12.0% | 21.4% |
| 2012 | 9.4% | 11.9% | 21.3% |
| 2013 | 9.2% | 11.8% | 21.0% |
| 2014 | 9.4% | 12.0% | 21.4% |
| 2015 | 9.6% | 12.2% | 21.7% |

---

[1] 海洋经济总产值根据《中国海洋产业经济贡献度的测度》方法计算，即海洋经济总产值=海洋生产总值 / 44%。

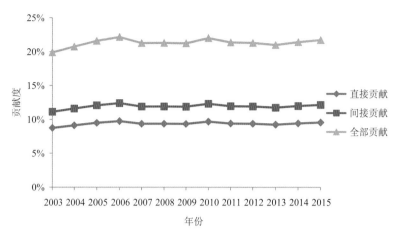

附图2-4 2003—2015年海洋经济贡献度趋势

由附表2-4和附图2-4可知，近10多年来我国海洋经济贡献度相对平稳。直接贡献在8.8%～9.7%之间波动，间接贡献在11.1%～12.4%之间波动，全部贡献在19.9～22.2%之间波动。仅考虑直接贡献，目前中国海洋经济对国民经济直接贡献的份额约10%，若同时考虑间接贡献，发现间接贡献稍高于直接贡献。将两者合并，海洋经济的全部贡献约占国民经济的20%以上，进一步说明海洋经济成为中国经济发展的重要支柱之一。

## 三、海洋经济带动效应

随着海域资源开发利用程度的不断深入，海洋经济已成为国民经济重要的组成部分，在国民经济中占有举足轻重的地位。海洋经济对国民经济的贡献，一方面体现在海洋经济总量对于国民经济总量的直接贡献；另一方面体现在海域开发利用可以带动陆域产业的发展，进而间接地作用于国民生产总值，促使其提高。具体表现为推动海洋经济高速增长，从而增加了沿海地区财政收入，对促进资源合理配置、改善人们生活、促进科教文卫事业发展等诸多方面有重要意义，对国民经济稳定增长起到重要的支撑和调节作用；提供了大量的工作岗位，拉动了就业，保证了社会稳定，促进国民经济的健康发展；海洋经济发展推动海洋新兴产业不断发展壮大，推动了科技水平的提升，而科技创新对国民经济产生强大的引领和支撑作用，促进国民经济又好又快发展。

孙明艳[①]在分析海洋经济对沿海地区经济发展的带动效应时，提出了"海洋经济直接带动效应"和"海洋经济间接带动效应"的评价指标，并从"促进地区生产总值增加"、"促进地区财政收入增加"、"促进地区就业水平提升"和"促进地区科学技术进步"4个方面量化海洋经济的带动效应，其测算思路如下。

### （一）直接带动效应

近几年，我国通过对海域资源的科学管理，正确引导沿海地区科学、有序地开发使用海域，海域使用活动有力地促进了海洋经济的发展，海洋经济总量稳步增长，海洋经济对国民经济和社会发展的贡献日趋突出，已成为国民经济新的增长点。

海洋经济对沿海地区经济发展的直接带动效应主要表现为海洋经济生产总值在地区生产总值中所占有的份额（比重），以海洋生产总值贡献度来衡量直接带动效应：

$$\text{海洋生产总值贡献度} = \frac{\text{海洋生产总值}}{\text{地区生产总值}} \tag{6}$$

海洋生产总值贡献度即海洋经济总量占国民经济总量的比重，其测算结果和分析见第二章第三节。

### （二）间接带动效应

海洋开发利用对沿海地区经济发展的间接带动效应体现在促进地区经济发展的各种经济因素的间接性引致效应。海洋经济的发展在对沿海地区的经济增长、政府的财政收入、社会的就业率和科学技术的进步等方面都有一定的带动作用（见附图2-5），报告借助经济弹性的涵义，选取一系列弹性指标测算其间接带动作用，该系列指标分别为海洋经济增长弹性、财政收入弹性、就业弹性和技术进步弹性。

---

① 孙明艳. 海洋经济对沿海地区经济发展的带动效应及其区域分异研究[D]. 中国海洋大学, 2013.

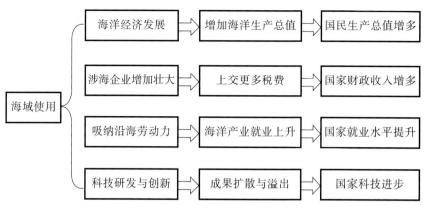

附图2-5　海域开发利用对国民经济的间接带动效应

### 1. 海洋经济增长弹性

海洋经济对沿海地区经济的间接贡献之一体现在其对当地陆域相关和非相关产业的间接性影响。海洋产业对陆域产业的作用主要源自于产业之间的连锁效应，包括前向关联效应、后向关联效应以及旁侧关联效应。故选用海洋经济增长弹性来测算海洋经济产值变动对地区生产总值的间接引致影响，以此将地区生产总值的变动受海洋经济变动的间接带动效应水平予以量化。

$$海洋经济增长弹性 = \frac{地区生产总值平均增长率}{海洋生产总值平均增长率} \tag{7}$$

### 2. 财政收入增长弹性

海洋经济对国民经济的贡献还体现在海洋经济的发展壮大有利于增加政府的财政收入方面。随着海洋经济的迅速发展，海洋相关企业获得更多利润，同时上交的各种税费也随之增多，从而为国家提供了更多的财政收入。政府的财政收入对国民经济发展具有十分重要的作用，政府的财政收入充足甚至富余，政府才能有充足的财力投入到基础建设中去，包括商业投资、城市开发、社会保障以及居民福利等诸多方面，从而取得一定的辐射效应。尤其对于沿海地区而言，海洋经济各产业部门产值的大小会直接影响政府的税收收入，进而影响政府的财政收入。报告选用财政增长弹性测算海洋经济发展对地区财政收入的影响，以此将地区财政收入的变动受海洋经济的变动的间接带动效应水平予以量化。

$$财政收入增长弹性 = \frac{地区财政收入平均增长率}{海洋生产总值平均增长率} \tag{8}$$

### 3. 就业增长弹性

海洋经济对国民经济发展的贡献的另一种体现是促进沿海地区就业水平提升。海域的开发利用促进各个海域使用产业部门产生新的就业需求和就业岗位，不仅会使海洋产业部门的就业量增长和就业率提高，同时可以吸引内陆欠发达地区劳动者提供就业机会，他们不仅可以获得收入，还开阔了眼界、增长了见识、学到了技术和经验，促进整个社会就业水平的提高。报告采用就业人数代表就业水平，故选用就业增长弹性测算海洋经济发展对地区就业水平的影响，以此将地区就业水平的变化受海洋开发利用活动的间接带动效应水平予以量化。

$$就业增长弹性 = \frac{地区就业人员平均增长率}{涉海就业人员平均增长率} \tag{9}$$

### 4. 技术进步增长弹性

海洋经济对国民经济的贡献还体现在促进地区科学技术进步。受正向外部性的影响，海域使用产业部门与陆域使用产业部门之间存在一定程度上的知识和技术共享性，海洋资源的开发与利用需要高科技技术的支持，由于国家和政府的高度重视，科研机构加大力度研发新技术并取得了一定的进展，这种海洋技术的开发在某种程度上会带动陆域产业的技术研发与发展，尤其是在一些共性技术方面，海洋产业技术向陆域产业不断转让与扩散，这就直接导致整个沿海地区技术水平的显著提升。因此，从技术进步角度而言，国民经济发展间接性地受海域使用活动的影响。专利授权量能够直接反映科技水平，因此报告采用该项指标来代表科技水平。报告选用技术进步增长弹性测算海洋经济发展对地区专利授权数量的影响，以此将地区科技进步的发展水平受海洋经济发展的间接带动效应予以量化。

$$技术进步增长弹性 = \frac{地区专利授权数量平均增长率}{涉海专利授权数量平均增长率} \tag{10}$$

根据以上思路对海洋经济的间接带动效应测算如下。

附表2-5　2004—2015年海洋经济的间接带动效应

| 年份 | 海洋经济增长弹性 | 财政收入增长弹性 | 就业增长弹性 | 技术进步增长弹性 |
|---|---|---|---|---|
| 2004 | 0.60 | 1.31 | 0.15 | 0.02 |
| 2005 | 0.69 | 0.68 | 0.21 | 0.66 |
| 2006 | 0.71 | 1.07 | 0.12 | 0.83 |
| 2007 | 0.96 | 1.11 | 0.12 | 0.46 |
| 2008 | 0.97 | 1.01 | 0.30 | 1.56 |
| 2009 | 1.00 | 0.89 | 0.41 | 0.22 |
| 2010 | 0.72 | 0.91 | −0.99 | 2.92 |
| 2011 | 0.96 | 0.99 | 0.20 | 0.51 |
| 2012 | 0.95 | 0.88 | 0.27 | 0.91 |
| 2013 | 1.01 | 0.83 | 0.27 | 0.14 |
| 2014 | 0.95 | 0.89 | 0.32 | −0.09 |
| 2015 | 0.99 | 0.80 | 0.26 | 1.23 |
| 2004—2015 | 0.84 | 0.95 | 0.11 | 0.52 |

由附表2-5分析2004—2015年海洋经济对国民经济的间接带动效应的平均水平，发现海洋经济对国民经济的间接带动效应在促进财政收入增长方面表现最明显，说明海洋产业部门通过增加政府财政收入而对当地经济发展起到间接性的引致作用最大。另外海洋经济对国民经济的带动效应在促进国家经济增长方面也起到明显作用。但在就业方面，海洋经济对沿海地区经济发展的间接带动效应相对较弱。

# 附录三 灰色关联度

客观世界中存在着大大小小的各类系统，都是由许多因素组成的。这些系统及系统因素之间，相互关系非常复杂。特别是表面现象变化的随机性容易混淆人们的直觉，掩盖事物的本质，使人们在认识、分析、预测和决策时得不到充分全面的资讯，不容易形成明确的概念。因此，不仅不同系统之间的关系是灰的，同一系统中不同因素之间的关系也是灰的。人们一时分不清哪些因素关系密切，哪些因素关系不密切，也就是说难以找到主要矛盾，抓住主要特征与主要关系。

为此，灰色系统理论提出了关联度分析的概念，其目的就是通过一定的方法弄清系统中各因素间的主要关系，找出影响最大的因素，把握矛盾的主要方面。

对两个系统或两个因素之间关联性大小的度量，称为关联度。它描述系统发展过程中因素间相对变化的情况，也就是变化大小、方向及速度等指标的相对性。如果两者在系统发展过程中相对变化基本一致，则认为两者关联度大；反之，两者关联度就小。

灰色关联度分析的步骤如下。

### 1. 确定参考序列

参考数据列常记为$x_0$，记第1个时刻的值为$x_0(1)$，第2个时刻的值为$x_0(2)$，第$k$个时刻的值为$x_0(k)$。因此，参考序列$x_0$可表示为$x_0 = (x_0(1), x_0(2), \cdots x_0(n))$。

### 2. 原始数据变换

先分别求出各个序列的平均值，再用平均值去除对应序列中的各个原始数据，所得到的新的数据序列，即为均值化序列，如下式：

$$x_i^{'} = x_i \Big/ \sum x_i = (x_i'(1), x_i'(2), \cdots, x_i'(n)) \quad (i = 0, 1, 2, \cdots, m) \tag{1}$$

### 3. 求绝对差序列

$$\Delta_i(k) = \left| x_0'(k) - x_i'(k) \right| \quad (k =, 1, 2, \cdots, n; \quad i =, 1, 2, \cdots, m) \tag{2}$$

$$\Delta_i = \left( \Delta_i(1), \Delta_i(2), \cdots, \Delta_i(n) \right) \qquad (i =, 1, 2, \cdots, m) \tag{3}$$

4. 求两级最大差和最小差

$$\max = \max_i \max_k \Delta_i(k) \tag{4}$$

$$\min = \min_i \min_k \Delta_i(k) \tag{5}$$

5. 计算关联系数

$$\gamma_{0i}(k) = \frac{m + \xi M}{\Delta_i(k) + \xi M} \quad (\xi \in (0,1); \quad k = 1, 2, \cdots, n; \quad i =, 1, 2, \cdots, m) \tag{6}$$

ζ为分辨系数，可以提高关联系数之间的差异显著性。

6. 计算关联度

$$\gamma_{0i} = \frac{1}{n} \sum_{k=1}^{n} \gamma_{0i}(k) \quad (i =, 1, 2, \cdots, m) \tag{7}$$

# 附录四　回归分析

自然界中许多变量间都存在着某种相互联系和相互制约的关系，这种关系一般有两类：一类是确定性关系，也称之为函数关系；另一类是不确定性关系，也称之为相关关系或统计关系，这种变量间的关系尚无法表示成精确的函数关系。

所谓回归分析是指通过试验和观测，去寻找隐藏在变量间的统计关系的一种数学方法。设我们要研究变量$y$与$x$之间的统计关系，希望找出$y$的值是如何随$x$的变化而变化的规律，这时称$y$为因变量，$x$为自变量。通常$x$被认为是非随机变量，它是可以精确测量或严格控制的；$y$是一个随机变量，它是可观测的，但存在测量误差。于是$y$与$x$的关系可表示为：

$$y = f(x) + \varepsilon \tag{1}$$

其中，$\varepsilon$是一切随机因素影响的总和，有时也简称为随机误差。通常假设$\varepsilon$满足下式：

$$E(\varepsilon) = 0, \ D(\varepsilon) = \sigma^2 \tag{2}$$

由上式得到

$$E(y) = f(x) \tag{3}$$

上式称为理论回归方程。由于$f(x)$的函数形式未知，或者$f(x)$的函数形式已知，但其中含有未知参数，即$f(x; \beta_0, \beta_1, \cdots, \beta_l)$，其中$\beta_0, \beta_1, \cdots, \beta_l$为未知参数。故理论回归方程一般无法直接写出。

为了得到理论回归方程的近似表达式，通常先对$f(x)$的函数形式作出假定，然后通过观测得到关于$(x, y)$的$n$组独立观测数据$(x_i, y_i)$ $(i = 1, 2, \cdots, n)$。利用这些观测数据来估计出$f(x; \beta_0, \beta_1, \cdots, \beta_l)$中的未知参数，得到经验回归方程：

$$\hat{y} = f(x; \hat{\beta}_0, \beta_1, \cdots, \beta_l) \tag{4}$$

上式又称为回归方程，$f(x)$称为$y$对$x$的回归函数。

回归分析在数学建模中的应用非常广泛，其主要作用有：

（1）根据所给的数据，在误差尽可能小的条件下，建立因变量$y$与自变量$x_1$，$x_2$，$\cdots$，$x_m$之间的回归方程，并利用此方程对变量$y$进行预测或控制。

（2）判断自变量$x_1$，$x_2$，$\cdots$，$x_m$中，哪些变量对$y$的影响是显著的，哪些变量的影响是不显著的。

（3）估计多项式插值函数的系数。

# 附录五　国家海域使用贡献率测算指标与数据

投入要素和产出指标选取是使用生产函数模型测算要素贡献率时的关键问题之一。在海域使用贡献率测算模型中，共涉及4个变量，分别为产出量、资本投入量、劳动力投入量和海域供给量。在指标选取中应遵循真实性、可度量性、科学性等原则，保证测算结果能够客观反映各投入要素对海洋经济增长的贡献。

## 一、产出指标

从理论上讲，应当按实物量来分析产出量，陆域经济中常用国内生产总值GDP作为总体经济测算指标，在对行业进行测算时，多用总产值指标。具体到海洋领域，国家发布的《中国海洋统计年鉴》有海洋生产总值、海洋产业总产值、海洋产业增加值3个统计口径可供选择。总产值包括了转移价值的多次重复计算，增加值是生产活动所增加的价值，可以比较确切地反映生产的成果和速度。目前大多以增加值代替总产值来反映经济发展的规模、速度和水平。此外，考虑当前海洋生产总值的价格变动因素，为准确计算其物量变动，适宜采用不变价海洋生产总值作为产出指标。因此，在计算海域使用经济贡献率时，以不变价海洋生产总值为产出的替代指标。

附表5-1　2003—2015年海域使用的产出数据

| 年份 | 不变价海洋生产总值（亿元） | 海洋生产总值增速[1] |
|------|------|------|
| 2003 | 11 952 | — |
| 2004 | 13 972 | 16.9% |
| 2005 | 16 249 | 16.3% |
| 2006 | 19 174 | 18.0% |
| 2007 | 22 012 | 14.8% |

---

① 产出增速为《中国统计年鉴》中不变价格GDP增长速度。

续附表5-1

| 年份 | 不变价海洋生产总值（亿元） | 海洋生产总值增速 |
|---|---|---|
| 2008 | 24 191 | 9.9% |
| 2009 | 26 417 | 9.2% |
| 2010 | 30 300 | 14.7% |
| 2011 | 33 300 | 9.9% |
| 2012 | 35 997 | 8.1% |
| 2013 | 38 733 | 7.6% |
| 2014 | 41 715 | 7.7% |
| 2015 | 44 635 | 7.0% |

## 二、资本要素指标

经济增长的资本投入是指机器、设备和厂房等资本，是经济增长的重要推动要素之一。陆域经济大多采用区域全社会年固定资产投资总额、当年投资量、永续盘存法计算的资本存量等指标来表示区域资本投入总量。在《中国海洋统计年鉴》中，海洋固定资产投资的统计活动尚未开展，个别海洋产业，如海洋渔业及相关产业，即使有海洋固定资产的统计，也是以渔船保有量等形式来计量的，难以估算其现金价值。

因此，计算海域使用经济贡献率时将海域使用各产业作为整体考虑，选择沿海地区社会固定资产投资额作为指标。尽管沿海地区的社会固定资产投资并非全部用于海洋领域，但这些资本要素无疑对推动海洋经济发展发挥着重要的作用。以2003—2015年海洋生产总值数据为变量$x$，以2003—2015年固定资产投资数据为变量$y$，对两组数据进行相关性计算，相关系数为0.994 6，说明海洋生产总值与沿海地区固定资产投资额相关程度很高，关系密切。此外，考虑价格变动因素，利用固定资产投资价格指数对全社会固定资产投资额进行不变价处理。最终将沿海地区不变价全社会固定资产投资额作为资本要素的投入指标，该指标具有较高的可信度。

附表5-2　2003—2015年资本要素数据

| 年份 | 沿海地区固定资产投资（亿元）[1] | 增速 | 增速修正 |
|---|---|---|---|
| 2003 | 30 892.17 | | |
| 2004 | 37 021.47 | 19.8% | 19.8% |
| 2005 | 45 497.03 | 22.9% | 22.9% |
| 2006 | 54 774.73 | 20.4% | 20.4% |
| 2007 | 63 830.34 | 16.5% | 16.5% |
| 2008 | 72 878.36 | 14.2% | 14.2% |
| 2009 | 92 241.66 | 26.6% | 26.6% |
| 2010 | 110 115.71 | 19.4% | 19.4% |
| 2011 | 116 931.28 | 6.2% | 16.1%[2] |
| 2012 | 137 730.37 | 17.8% | 17.8% |
| 2013 | 162 056.25 | 17.7% | 17.7% |
| 2014 | 183 347.90 | 13.1% | 13.1% |
| 2015 | 203 181.29 | 10.8% | 10.8% |

## 三、劳动力要素指标

　　劳动力要素投入是指生产过程中实际投入的劳动量，是经济增长的重要驱动因素之一，劳动力要素最科学的指标是标准劳动强度的劳动时间，但我国尚没有开展相关统计，因此学者常用劳动者人数、工资或工作时间等指标来代替。由于劳动者素质存在差别，最佳的衡量指标应是职工年工资总额，但这一指标在《海洋经济统计年鉴》、《中国海洋年鉴》等海洋统计指标中并未统计。因此，计算海域使用经济贡献率时，采用涉海就业人数这一指标。

---

① 沿海地区固定资产投资为课题组计算的以2003年为基期的不变价固定资产投资。
② 根据国家统计局2011年公布的数据对2011年固定资产投资增速进行了修正。

附表5-3　2003—2015年海域使用的劳动力要素投入数据

| 年份 | 就业人员（万人） | 就业人员增速 |
| --- | --- | --- |
| 2003 | 2 501 | — |
| 2004 | 2 674 | 6.9% |
| 2005 | 2 781 | 4.0% |
| 2006 | 2 960 | 6.5% |
| 2007 | 3 151 | 6.5% |
| 2008 | 3 218 | 2.1% |
| 2009 | 3 271 | 1.6% |
| 2010 | 3 351 | 2.5% |
| 2011 | 3 422 | 2.1% |
| 2012 | 3 469 | 1.4% |
| 2013 | 3 514 | 1.3% |
| 2014 | 3 554 | 1.1% |
| 2015 | 3 589 | 1.0% |

## 四、海域供给指标

海域供给是指在生产过程中，实际用于各类海洋产业活动的海域面积，最科学的指标是海域使用的实际面积，但查清海域使用面积需要全国范围的海域使用现状调查，操作性和可行性较差。因此计算海域使用经济贡献率时，以海域已确权面积作为替代指标，即以历年累计确权面积减去注销海域面积作为海域使用面积。

附表5-4　2003—2015年海域面积供给数据

| 年份 | 海域已确权面积（万公顷） | 海域面积增速 |
| --- | --- | --- |
| 2003 | 78.30 | — |
| 2004 | 83.67 | 6.9% |
| 2005 | 95.20 | 13.8% |
| 2006 | 112.51 | 18.2% |
| 2007 | 129.93 | 15.5% |
| 2008 | 147.48 | 13.5% |
| 2009 | 161.59 | 9.6% |
| 2010 | 178.28 | 10.3% |
| 2011 | 193.59 | 8.6% |
| 2012 | 200.62 | 3.6% |
| 2013 | 222.45 | 10.9% |
| 2014 | 251.27 | 13.0% |
| 2015 | 262.97 | 4.7% |

# 附录六　区域海域使用贡献率测算指标与数据

## 一、产出指标

参考国家海域使用贡献率测算的产出指标选取方法，以沿海地区海洋生产总值作为产出指标。由于年鉴、公报等统计资料未公布各省不变价海洋生产总值，且目前各省不变价海洋生产总值尚无成熟算法，因此报告采用"全国GOP增速−全国GDP增速+省GDP增速"的方式进行估算。

附表6-1　2003—2015年沿海各省（市、区）不变价GOP数据

单位：万元

| 年份 | 天津 | 河北 | 辽宁 | 上海 | 江苏 | 浙江 | 福建 | 山东 | 广东 | 广西 | 海南 |
|---|---|---|---|---|---|---|---|---|---|---|---|
| 2003 | 568 | 183 | 543 | 846 | 454 | 1 178 | 1 345 | 1 478 | 1 936 | 58 | 146 |
| 2004 | 687 | 218 | 650 | 1 024 | 552 | 1 429 | 1 595 | 1 806 | 2 354 | 68 | 171 |
| 2005 | 802 | 259 | 762 | 1 188 | 659 | 1 683 | 1 860 | 2 170 | 2 797 | 81 | 198 |
| 2006 | 947 | 307 | 908 | 1 394 | 792 | 2 006 | 2 234 | 2 607 | 3 353 | 96 | 233 |
| 2007 | 1 079 | 348 | 1 045 | 1 602 | 915 | 2 313 | 2 587 | 2 995 | 3 867 | 111 | 269 |
| 2008 | 1 179 | 384 | 1 185 | 1 762 | 1 030 | 2 553 | 2 931 | 3 366 | 4 269 | 126 | 296 |
| 2009 | 1 374 | 423 | 1 340 | 1 906 | 1 158 | 2 781 | 3 291 | 3 777 | 4 683 | 143 | 330 |
| 2010 | 1 670 | 492 | 1 586 | 2 181 | 1 353 | 3 226 | 3 884 | 4 397 | 5 455 | 169 | 397 |
| 2011 | 1 950 | 559 | 1 785 | 2 368 | 1 507 | 3 529 | 4 377 | 4 893 | 6 023 | 191 | 446 |
| 2012 | 2 227 | 615 | 1 962 | 2 555 | 1 665 | 3 825 | 4 893 | 5 393 | 6 541 | 213 | 488 |
| 2013 | 2 503 | 665 | 2 131 | 2 750 | 1 823 | 4 135 | 5 427 | 5 905 | 7 090 | 235 | 536 |
| 2014 | 2 763 | 711 | 2 263 | 2 953 | 1 989 | 4 466 | 5 986 | 6 442 | 7 672 | 256 | 584 |
| 2015 | 3 023 | 760 | 2 333 | 3 160 | 2 160 | 4 828 | 6 530 | 6 964 | 8 293 | 277 | 630 |

## 二、资本要素指标

以沿海地区社会固定资产投资额作为资本要素指标，并根据《中国统计年鉴》公布的各省（市、区）固定资产投资价格指数对固定资产投资额进行平减，以消除价格因素的影响。

附表6-2　2003—2015年沿海各省（市、区）不变价固定资产投资数据

单位：万元

| 年份 | 天津 | 河北 | 辽宁 | 上海 | 江苏 | 浙江 | 福建 | 山东 | 广东 | 广西 | 海南 |
|---|---|---|---|---|---|---|---|---|---|---|---|
| 2003 | 1 039 | 2 478 | 2 076 | 2 499 | 5 233 | 4 740 | 1 496 | 5 315 | 4 813 | 921 | 280 |
| 2004 | 1 170 | 3 045 | 2 880 | 2 883 | 6 065 | 5 502 | 1 842 | 6 577 | 5 562 | 1 194 | 301 |
| 2005 | 1 390 | 3 859 | 3 979 | 3 294 | 7 498 | 6 188 | 2 242 | 8 591 | 6 523 | 1 588 | 345 |
| 2006 | 1 683 | 5 033 | 5 307 | 3 657 | 9 157 | 7 111 | 2 840 | 10 102 | 7 408 | 2 082 | 395 |
| 2007 | 2 131 | 6 144 | 6 706 | 4 017 | 10 707 | 7 576 | 3 917 | 10 995 | 8 457 | 2 736 | 444 |
| 2008 | 2 874 | 7 322 | 8 427 | 4 066 | 12 283 | 7 683 | 4 526 | 12 690 | 9 162 | 3 280 | 565 |
| 2009 | 4 087 | 10 389 | 10 592 | 4 374 | 15 496 | 9 107 | 5 506 | 16 041 | 11 205 | 4 642 | 804 |
| 2010 | 5 308 | 12 387 | 13 474 | 4 264 | 18 168 | 10 064 | 7 063 | 19 042 | 13 200 | 6 116 | 1 030 |
| 2011 | 5 674 | 12 778 | 13 998 | 3 864 | 19 682 | 10 780 | 8 100 | 20 585 | 13 695 | 6 545 | 1 230 |
| 2012 | 6 370 | 15 291 | 17 104 | 4 008 | 23 026 | 13 499 | 10 142 | 23 888 | 14 839 | 7 995 | 1 568 |
| 2013 | 7 361 | 18 054 | 19 666 | 4 416 | 27 029 | 15 895 | 12 486 | 28 021 | 17 447 | 9 698 | 1 983 |
| 2014 | 8 443 | 20 725 | 19 430 | 4 682 | 30 868 | 18 462 | 14 758 | 32 284 | 20 302 | 11 120 | 2 275 |
| 2015 | 9 506 | 23 297 | 14 485 | 5 084 | 35 212 | 21 270 | 17 545 | 37 445 | 23 631 | 13 168 | 2 537 |

## 三、劳动力要素指标

以沿海地区涉海就业人数作为区域海域使用贡献率测算中劳动力要素指标。各省（市、区）涉海就业数据如附表6-3所示。

附表6-3　2003—2015年沿海各省（市、区）涉海就业数据[①]

单位：万人

| 年份 | 天津 | 河北 | 辽宁 | 上海 | 江苏 | 浙江 | 福建 | 山东 | 广东 | 广西 | 海南 |
|---|---|---|---|---|---|---|---|---|---|---|---|
| 2003 | 126.3 | 68.8 | 232.6 | 151.3 | 138.7 | 304.3 | 308.2 | 379.6 | 599.6 | 81.8 | 95.6 |
| 2004 | 135.0 | 73.6 | 248.7 | 161.7 | 148.3 | 325.3 | 329.5 | 405.8 | 641.0 | 87.4 | 102.2 |
| 2005 | 140.4 | 76.5 | 258.6 | 168.2 | 154.2 | 338.3 | 342.7 | 422.1 | 666.7 | 90.9 | 106.3 |
| 2006 | 149.4 | 81.5 | 275.3 | 179.1 | 164.2 | 360.1 | 364.8 | 449.3 | 709.7 | 96.8 | 113.2 |
| 2007 | 159.1 | 86.7 | 293.1 | 190.6 | 174.8 | 383.4 | 388.3 | 478.3 | 755.5 | 103.0 | 120.5 |

---

① 2003年和2004年数据根据多项式拟合估算。

续附表6-3

| 年份 | 天津 | 河北 | 辽宁 | 上海 | 江苏 | 浙江 | 福建 | 山东 | 广东 | 广西 | 海南 |
|---|---|---|---|---|---|---|---|---|---|---|---|
| 2008 | 162.5 | 88.6 | 299.3 | 194.7 | 178.5 | 391.5 | 396.6 | 488.5 | 771.6 | 105.2 | 123.1 |
| 2009 | 165.1 | 90.0 | 304.2 | 197.9 | 181.4 | 397.9 | 403.0 | 496.4 | 784.1 | 106.9 | 125.1 |
| 2010 | 169.2 | 92.2 | 311.6 | 202.7 | 185.9 | 407.6 | 412.9 | 508.6 | 803.4 | 109.5 | 128.1 |
| 2011 | 172.7 | 94.2 | 318.2 | 207.0 | 189.8 | 416.3 | 421.6 | 519.4 | 820.4 | 111.9 | 130.9 |
| 2012 | 175.1 | 95.5 | 322.6 | 209.8 | 192.4 | 422.0 | 427.4 | 526.5 | 831.6 | 113.4 | 132.7 |
| 2013 | 177.4 | 96.7 | 326.8 | 212.6 | 194.9 | 427.5 | 433.0 | 533.4 | 842.6 | 114.9 | 134.4 |
| 2014 | 179.4 | 97.8 | 330.5 | 215.0 | 197.1 | 432.3 | 437.9 | 539.4 | 852.0 | 116.2 | 135.9 |
| 2015 | 181.2 | 98.8 | 333.7 | 217.1 | 199.0 | 436.6 | 442.2 | 544.7 | 860.3 | 117.3 | 137.2 |

## 四、海域供给指标

以各省（市、区）海域累计确权面积作为区域海域使用贡献率测算中海域供给指标，各省（市、区）海域供给数据如附表6-4所示。

附表6-4　2003—2015年沿海各省（市、区）海域供给数据

单位：公顷

| 年份 | 天津 | 河北 | 辽宁 | 上海 | 江苏 | 浙江 | 福建 | 山东 | 广东 | 广西 | 海南 |
|---|---|---|---|---|---|---|---|---|---|---|---|
| 2003 | 17 253 | 14 471 | 197 139 | 811 | 99 452 | 43 355 | 73 444 | 231 937 | 65 579 | 11 717 | 5 939 |
| 2004 | 18 291 | 21 661 | 229 343 | 811 | 134 242 | 71 487 | 84 019 | 260 532 | 76 635 | 13 675 | 6 850 |
| 2005 | 19 226 | 32 974 | 272 564 | 811 | 214 646 | 88 767 | 107 668 | 326 811 | 87 217 | 15 264 | 7 906 |
| 2006 | 20 346 | 54 878 | 327 247 | 1 052 | 276 434 | 96 736 | 118 671 | 374 647 | 96 801 | 16 592 | 9 180 |
| 2007 | 23 521 | 73 532 | 368 378 | 2 588 | 348 640 | 111 217 | 141 783 | 420 606 | 115 682 | 20 847 | 10 430 |
| 2008 | 25 836 | 87 630 | 429 243 | 2 601 | 404 559 | 122 833 | 159 767 | 469 933 | 125 356 | 22 631 | 12 280 |
| 2009 | 30 961 | 91 385 | 506 308 | 3 394 | 435 604 | 134 707 | 168 679 | 495 557 | 135 460 | 24 955 | 13 708 |
| 2010 | 33 111 | 96 065 | 611 779 | 3 507 | 471 262 | 139 579 | 175 217 | 518 002 | 142 223 | 27 118 | 15 046 |
| 2011 | 34 442 | 120 485 | 686 617 | 3 847 | 512 864 | 149 419 | 181 108 | 530 016 | 149 475 | 33 459 | 16 608 |
| 2012 | 35 527 | 123 920 | 822 429 | 3 901 | 557 030 | 152 899 | 185 294 | 596 416 | 157 382 | 36 530 | 18 702 |
| 2013 | 37 029 | 125 621 | 967 291 | 3 980 | 603 621 | 160 122 | 192 925 | 723 096 | 163 359 | 40 713 | 21 617 |
| 2014 | 39 090 | 139 759 | 1 070 376 | 4 469 | 632 495 | 164 419 | 195 575 | 894 358 | 168 699 | 43 288 | 22 534 |
| 2015 | 40 299 | 149 962 | 1 171 613 | 5 038 | 654 446 | 167 983 | 200 788 | 968 702 | 172 583 | 48 247 | 23 699 |

# 附录七　国家海域使用贡献率

附表7-1　海洋经济生产要素及TFP贡献率

| 年份 | 资本贡献率 | 劳动力贡献率 | 海域贡献率 | TFP贡献率 |
|---|---|---|---|---|
| 2004 | 14.1% | 28.6% | 7.3% | 50.0% |
| 2005 | 16.9% | 17.2% | 15.2% | 50.7% |
| 2006 | 13.6% | 25.3% | 18.2% | 42.9% |
| 2007 | 13.4% | 30.7% | 18.9% | 37.0% |
| 2008 | 17.2% | 14.8% | 24.5% | 43.4% |
| 2009 | 34.7% | 12.2% | 18.8% | 34.4% |
| 2010 | 15.8% | 11.9% | 12.6% | 59.7% |
| 2011 | 19.5% | 14.8% | 15.6% | 50.0% |
| 2012 | 26.4% | 12.1% | 8.0% | 53.5% |
| 2013 | 27.9% | 12.0% | 25.8% | 34.3% |
| 2014 | 20.5% | 10.0% | 30.4% | 39.1% |
| 2015 | 18.5% | 10.0% | 12.1% | 59.4% |
| "十一五"期间 | 17.4% | 20.0% | 18.1% | 44.4% |
| "十二五"期间 | 19.3% | 12.1% | 18.0% | 50.6% |
| 2004—2015 | 17.6% | 18.7% | 16.4% | 47.3% |

附表7-2　采用移动平均法计算的5年海域使用贡献率

| 年份 | 海洋生产总值增长率 | 海域使用面积增长率 | 海域使用贡献率 |
|---|---|---|---|
| 2004—2008 | 15.2% | 13.6% | 16.4% |
| 2005—2009 | 13.6% | 14.1% | 19.0% |
| 2006—2010 | 13.3% | 13.4% | 18.5% |
| 2007—2011 | 11.7% | 11.5% | 18.0% |
| 2008—2012 | 10.4% | 9.1% | 16.1% |
| 2009—2013 | 9.9% | 8.6% | 15.9% |
| 2010—2014 | 9.6% | 9.3% | 17.7% |
| 2011—2015 | 8.1% | 8.1% | 18.5% |

# 附录八　区域海域使用贡献率

## 一、沿海各省（自治区、直辖市）海洋经济生产要素及TFP贡献率

附表8-1　2004—2015年沿海各省（自治区、直辖市）海域使用贡献率

| 年份 | 天津 | 河北 | 辽宁 | 上海 | 江苏 | 浙江 | 福建 | 山东 | 广东 | 广西 | 海南 |
|------|------|------|------|------|------|------|------|------|------|------|------|
| 2004 | 3.7% | 40.9% | 13.5% | 0.0% | 20.4% | 44.6% | 11.8% | 7.3% | 9.5% | 12.4% | 14.9% |
| 2005 | 3.9% | 46.1% | 17.6% | 0.0% | 38.7% | 19.9% | 25.9% | 16.6% | 9.0% | 8.8% | 17.3% |
| 2006 | 4.1% | 57.7% | 17.0% | 25.4% | 18.0% | 6.8% | 7.8% | 9.6% | 6.7% | 6.4% | 15.4% |
| 2007 | 14.3% | 41.2% | 13.4% | 145.3% | 21.3% | 14.3% | 18.8% | 10.9% | 15.6% | 22.6% | 15.1% |
| 2008 | 13.5% | 29.9% | 19.9% | 0.7% | 16.1% | 14.7% | 14.6% | 12.5% | 9.8% | 9.0% | 30.0% |
| 2009 | 15.3% | 7.0% | 22.1% | 55.1% | 7.8% | 15.9% | 6.9% | 5.9% | 10.1% | 10.2% | 16.9% |
| 2010 | 4.1% | 5.1% | 18.4% | 3.4% | 6.1% | 3.3% | 3.3% | 3.6% | 3.7% | 6.5% | 8.3% |
| 2011 | 3.1% | 30.1% | 15.7% | 16.7% | 9.8% | 11.0% | 4.0% | 2.7% | 6.0% | 25.4% | 14.3% |
| 2012 | 2.8% | 4.6% | 32.3% | 2.6% | 10.3% | 4.1% | 3.0% | 16.2% | 7.5% | 10.8% | 22.6% |
| 2013 | 4.3% | 2.7% | 33.1% | 4.0% | 11.1% | 8.5% | 5.8% | 29.5% | 5.5% | 15.7% | 27.1% |
| 2014 | 6.8% | 26.5% | 27.8% | 24.6% | 6.6% | 4.9% | 2.0% | 34.3% | 4.9% | 9.8% | 8.1% |
| 2015 | 4.2% | 17.2% | 49.3% | 26.9% | 5.1% | 3.9% | 4.5% | 13.5% | 3.5% | 19.3% | 11.2% |
| "十一五"期间 | 9.3% | 28.2% | 18.0% | 39.1% | 13.9% | 10.0% | 9.8% | 8.4% | 8.8% | 10.5% | 15.7% |
| "十二五"期间 | 4.1% | 16.6% | 27.9% | 14.5% | 8.7% | 6.6% | 3.8% | 18.3% | 5.5% | 16.4% | 16.7% |
| 2004—2015 | 6.2% | 27.7% | 20.0% | 21.0% | 15.4% | 14.0% | 9.5% | 12.1% | 7.9% | 12.4% | 16.1% |

附表8-2　2004—2015年沿海各省（自治区、直辖市）生产要素和TFP贡献率

| 省份 | 天津 | 河北 | 辽宁 | 上海 | 江苏 | 浙江 | 福建 | 山东 | 广东 | 广西 | 海南 |
|------|------|------|------|------|------|------|------|------|------|------|------|
| 资本 | 23.4% | 22.4% | 18.9% | 8.0% | 21.6% | 16.4% | 23.8% | 21.5% | 19.6% | 28.8% | 20.1% |
| 劳动力 | 14.3% | 17.0% | 16.6% | 18.4% | 15.4% | 17.1% | 15.2% | 15.5% | 16.6% | 15.3% | 16.5% |
| 海域 | 6.2% | 27.7% | 20.0% | 21.0% | 15.4% | 14.0% | 9.5% | 12.1% | 7.9% | 12.4% | 16.1% |
| TFP | 56.1% | 32.9% | 44.6% | 52.6% | 47.6% | 52.4% | 51.5% | 50.9% | 55.9% | 43.6% | 47.3% |

## 二、各海洋经济区海洋经济生产要素及TFP贡献率

附表8-3 2004—2015年环渤海经济区海洋经济生产要素及TFP贡献率

| 年份 | 资本贡献率 | 劳动贡献率 | 海域贡献率 | TFP贡献率 |
|---|---|---|---|---|
| 2004 | 16.8% | 22.8% | 11.2% | 49.2% |
| 2005 | 22.7% | 14.9% | 19.4% | 43.0% |
| 2006 | 17.5% | 23.3% | 15.8% | 43.4% |
| 2007 | 16.8% | 30.9% | 15.2% | 37.1% |
| 2008 | 24.4% | 12.6% | 19.2% | 43.8% |
| 2009 | 33.8% | 8.7% | 13.4% | 44.2% |
| 2010 | 17.6% | 9.7% | 10.7% | 62.1% |
| 2011 | 6.2% | 11.6% | 11.1% | 71.2% |
| 2012 | 23.3% | 8.8% | 21.8% | 46.1% |
| 2013 | 23.8% | 9.2% | 28.0% | 38.9% |
| 2014 | 17.2% | 9.1% | 28.6% | 45.1% |
| 2015 | 9.1% | 9.3% | 18.7% | 62.8% |
| 2004—2015 | 19.0% | 15.5% | 16.7% | 48.8% |

附表8-4 2004—2015年长江三角洲经济区海洋经济生产要素及TFP贡献率

| 年份 | 资本贡献率 | 劳动贡献率 | 海域贡献率 | TFP贡献率 |
|---|---|---|---|---|
| 2004 | 10.6% | 22.7% | 32.7% | 34.0% |
| 2005 | 14.1% | 16.0% | 42.8% | 27.1% |
| 2006 | 13.1% | 24.1% | 19.5% | 43.3% |
| 2007 | 11.1% | 29.7% | 24.6% | 34.6% |
| 2008 | 10.3% | 13.9% | 21.7% | 54.1% |
| 2009 | 31.1% | 12.2% | 14.0% | 42.6% |
| 2010 | 11.0% | 10.9% | 7.2% | 70.9% |
| 2011 | 8.4% | 15.6% | 14.0% | 62.1% |
| 2012 | 29.5% | 11.0% | 13.1% | 46.4% |
| 2013 | 28.9% | 11.1% | 14.5% | 45.5% |
| 2014 | 24.8% | 9.8% | 8.6% | 56.8% |
| 2015 | 25.2% | 8.8% | 6.6% | 59.5% |
| 2004—2015 | 16.1% | 17.1% | 20.0% | 46.7% |

附表8-5　2004—2015年海峡西岸经济区海洋经济生产要素及TFP贡献率

| 年份 | 资本贡献率 | 劳动贡献率 | 海域贡献率 | TFP贡献率 |
|---|---|---|---|---|
| 2004 | 18.3% | 26.0% | 11.8% | 43.9% |
| 2005 | 19.2% | 16.9% | 25.9% | 38.0% |
| 2006 | 19.6% | 22.5% | 7.8% | 50.2% |
| 2007 | 35.3% | 28.5% | 18.8% | 17.3% |
| 2008 | 17.2% | 11.3% | 14.6% | 57.0% |
| 2009 | 25.9% | 9.2% | 6.9% | 58.0% |
| 2010 | 23.1% | 9.6% | 3.3% | 64.0% |
| 2011 | 17.0% | 11.6% | 4.0% | 67.3% |
| 2012 | 31.5% | 8.2% | 3.0% | 57.4% |
| 2013 | 31.2% | 8.4% | 5.8% | 54.6% |
| 2014 | 26.0% | 7.7% | 2.0% | 64.2% |
| 2015 | 30.6% | 7.6% | 4.5% | 57.4% |
| 2004—2015 | 23.8% | 15.2% | 9.5% | 51.5% |

附表8-6　2004—2015年珠江三角洲经济区海洋经济生产要素及TFP贡献率

| 年份 | 资本贡献率 | 劳动贡献率 | 海域贡献率 | TFP贡献率 |
|---|---|---|---|---|
| 2004 | 10.5% | 22.4% | 9.5% | 57.6% |
| 2005 | 13.4% | 14.9% | 9.0% | 62.7% |
| 2006 | 9.9% | 22.7% | 6.7% | 60.7% |
| 2007 | 13.5% | 29.5% | 15.6% | 41.5% |
| 2008 | 11.7% | 14.3% | 9.8% | 64.2% |
| 2009 | 33.4% | 11.7% | 10.1% | 44.7% |
| 2010 | 15.7% | 10.4% | 3.7% | 70.2% |
| 2011 | 5.2% | 14.2% | 6.0% | 74.5% |
| 2012 | 14.1% | 11.1% | 7.5% | 67.3% |
| 2013 | 30.4% | 11.0% | 5.5% | 53.0% |
| 2014 | 29.0% | 9.5% | 4.9% | 56.6% |
| 2015 | 29.4% | 8.4% | 3.5% | 58.7% |
| 2004—2015 | 19.6% | 16.6% | 7.9% | 55.9% |

附表8-7 2004—2015年环北部湾经济区海洋经济生产要素及TFP贡献率

| 年份 | 资本贡献率 | 劳动贡献率 | 海域贡献率 | TFP贡献率 |
|------|-----------|-----------|-----------|-----------|
| 2004 | 20.0% | 27.0% | 14.1% | 38.9% |
| 2005 | 26.5% | 17.5% | 12.4% | 43.6% |
| 2006 | 22.6% | 25.1% | 9.6% | 42.7% |
| 2007 | 26.6% | 29.1% | 21.3% | 23.0% |
| 2008 | 27.7% | 13.7% | 16.4% | 42.3% |
| 2009 | 49.0% | 9.2% | 13.4% | 28.4% |
| 2010 | 23.2% | 8.6% | 7.2% | 61.0% |
| 2011 | 10.3% | 12.3% | 23.2% | 54.3% |
| 2012 | 32.9% | 9.4% | 15.7% | 42.0% |
| 2013 | 32.6% | 9.2% | 20.1% | 38.2% |
| 2014 | 24.0% | 8.8% | 9.7% | 57.5% |
| 2015 | 31.4% | 8.3% | 18.0% | 42.3% |
| 2004—2015 | 26.2% | 16.1% | 14.5% | 43.2% |

## 三、各海洋经济圈海洋经济生产要素及TFP贡献率

附表8-8 2004—2015年北部海洋经济圈海洋经济生产要素及TFP贡献率

| 年份 | 资本贡献率 | 劳动贡献率 | 海域贡献率 | TFP贡献率 |
|------|-----------|-----------|-----------|-----------|
| 2004 | 16.8% | 22.8% | 11.2% | 49.2% |
| 2005 | 22.7% | 14.9% | 19.4% | 43.0% |
| 2006 | 17.5% | 23.3% | 15.8% | 43.4% |
| 2007 | 16.8% | 30.9% | 15.2% | 37.1% |
| 2008 | 24.4% | 12.6% | 19.2% | 43.8% |
| 2009 | 33.8% | 8.7% | 13.4% | 44.2% |
| 2010 | 17.6% | 9.7% | 10.7% | 62.1% |
| 2011 | 6.2% | 11.6% | 11.1% | 71.2% |
| 2012 | 23.3% | 8.8% | 21.8% | 46.1% |
| 2013 | 23.8% | 9.2% | 28.0% | 38.9% |
| 2014 | 17.2% | 9.1% | 28.6% | 45.1% |
| 2015 | 9.1% | 9.3% | 18.7% | 62.8% |
| 2004—2015 | 13.8% | 15.5% | 16.7% | 54.0% |

附表8-9　2004—2015年东部海洋经济圈海洋经济生产要素及TFP贡献率

| 年份 | 资本贡献率 | 劳动贡献率 | 海域贡献率 | TFP贡献率 |
|---|---|---|---|---|
| 2004 | 10.6% | 22.7% | 32.7% | 34.0% |
| 2005 | 14.1% | 16.0% | 42.8% | 27.1% |
| 2006 | 13.1% | 24.1% | 19.5% | 43.3% |
| 2007 | 11.1% | 29.7% | 24.6% | 34.6% |
| 2008 | 10.3% | 13.9% | 21.7% | 54.1% |
| 2009 | 31.1% | 12.2% | 14.0% | 42.6% |
| 2010 | 11.0% | 10.9% | 7.2% | 70.9% |
| 2011 | 8.4% | 15.6% | 14.0% | 62.1% |
| 2012 | 29.5% | 11.0% | 13.1% | 46.4% |
| 2013 | 28.9% | 11.1% | 14.5% | 45.5% |
| 2014 | 24.8% | 9.8% | 8.6% | 56.8% |
| 2015 | 25.2% | 8.8% | 6.6% | 59.5% |
| 2004—2015 | 12.5% | 17.1% | 20.0% | 50.4% |

附表8-10　2004—2015年南部海洋经济圈海洋经济生产要素及TFP贡献率

| 年份 | 资本贡献率 | 劳动贡献率 | 海域贡献率 | TFP贡献率 |
|---|---|---|---|---|
| 2004 | 15.0% | 23.9% | 10.5% | 50.6% |
| 2005 | 18.6% | 15.8% | 15.6% | 50.1% |
| 2006 | 15.6% | 22.7% | 7.3% | 54.4% |
| 2007 | 23.5% | 29.1% | 17.3% | 30.1% |
| 2008 | 18.1% | 13.0% | 12.8% | 56.2% |
| 2009 | 39.8% | 10.4% | 8.9% | 40.8% |
| 2010 | 22.5% | 9.9% | 3.9% | 63.7% |
| 2011 | 11.3% | 13.0% | 7.0% | 68.7% |
| 2012 | 27.6% | 9.6% | 6.2% | 56.5% |
| 2013 | 35.3% | 9.7% | 7.5% | 47.6% |
| 2014 | 29.6% | 8.6% | 4.1% | 57.7% |
| 2015 | 33.5% | 8.0% | 5.7% | 52.9% |
| 2004—2015 | 13.4% | 16.0% | 9.3% | 61.4% |